主管得了一種
好好說話會死

得罪員工ing！從批評、命令到激勵，
完美主管的
10堂說話課

楊仕昇　尤嶺嶺　著

「這是常識吧？」
「連這樣的事也做不到？」
「之前也說了吧？」
員工最無法忍受的主管三大雷人語錄！
你中標了嗎？

崧燁文化

目錄

第三章　溝通藝術，管理者必知的溝通技巧

第四章　贏在激勵，管理者激勵下屬的語言藝術

第五章　懲前毖後，管理者批評下屬的說話藝術

前言

口才訓練大師戴爾．卡內基說過：「一個人成功，約有百分之十五取決於專業知識，百分之八十五取決於溝通能力—發表自己意見的能力和激發他人熱忱的能力。」 英國管理學家威爾德也說：「管理者應該具有多種能力，但最基本的能力是有效溝通。」管理者作為企業發展的指導者，一切具體工作最終都要透過語言完成：主持會議、布置工作、接待來訪、社交活動、發表演說等，都離不開說話，而且表達能力的高低，將直接影響這些活動效果的好壞。

口才是衡量一位管理者素養和能力，或者說其在社會地位和成就上有多大潛力的重要標準，不僅能表現管理者的才幹、氣度和魄力，而且還能提升管理者在人際交往、員工管理、事業發展等各個方面的能力。

口才與說話水準是決定管理者能否獲得社會認同、上司賞識、下屬擁戴和同事喜歡的重要因素和有效的手段。一個管理者如果能掌握並大膽恰當的發揮出口才的作用，將會使事業、人格大放異彩。管理者中肯有力的言辭，會迫使他人作出讓步，或取得共識，以利於達成協議；管理者說話得體，言之有物，會使權威自立，上下一心。所以，對於管理者來說，提升自己的講話水準就顯得尤為重要。

良好的口才並非天生俱來的，它依賴於管理者後天的刻苦學習和鍛鍊。作為一個管理者，即使有著非常優越的先天稟賦，也要學習說話之道，要知道學無止境，只有在不斷的學習中，才能得到不斷的提升。

本書避開了管理讀物中常見的枯燥理論教條，也沒有羅列那些可望而不可及的口才奇蹟，而是從日常工作的實際需求出發，提出了規則和方法，簡明扼要、通俗易懂、鮮明獨特，應用性強大。它可以幫助管理者提高自己的講話水準，讓管理者能在各種不同的場合、面對不同的對象時，得體而自如的運用語言、表達想法、解決問題、宣示主張、發布命令、收攬人心，並樹立管理者的形象和應有的權威。

第一章

一呼百應，管理者要有好口才

管理者是企業的精英，肩負著引導企業生存和發展的使命，是決定企業成敗的關鍵人物。管理者的意圖、意志、指標體系、工作措施和手段，均離不開高超的語言表達才能。口才是管理者思維和智慧的載體，是管理者權力和責任的表現手段，因此，管理者必須擁有良好的口才，才能在工作中左右逢源，大顯身手。

管理離不開好口才

當今社會，商業競爭越來越激烈，管理活動越來越複雜，口才在社會發展和人的自身發展中的作用越來越重要。實際上，管理者管理活動中最重要的管理手段就是口才，提供資訊需要口才，闡述方案需要口才，評估方案、表明決策、宣傳鼓動、組織指揮、公關協調及監督回饋等都離不開口才。

在管理過程中，管理者的口才具有重要的溝通作用，可以說是管理者必備的素養之一。傑克·威爾許曾說過：「要想成為一名優秀的管理者，就要始終把口才放在第一位。」在工作中，管理者往往是一個企業公司或團體中的核心人物，其特殊的身分和職務決定了必須要具備較高的綜合素養。而在這些綜合素養中，口才藝術是重中之重。管理者口才的優劣，直接決定著管理工作的績效。

管理活動關鍵是透過語言來傳達執行的。不管是哪個行業或哪個層級的管理者，都指揮和代言著一個群體或團體。實際表明，會說話是一個管理者不可或缺的重要資本。這是因為，管理者要想把人帶好，把事情辦得好，把物管理好，就必須導之於言而施之於行。也就是說，管理者講話貫穿於整個管理活動和管理過程，離開了講話，管理活動將無法實現，而不善於講話的管理者也不可能實現其有效管理。

在現實生活中，話不投機，語不到位，方法不當，情勢惡化，把事情搞糟的例子不少;不善於了解員工心理，不善於運用語言技巧，不講方式方法，不看對象、場合，濫發議論，使員工把管理者的話當耳邊風的也不乏其例；好心不被人理解，善意得不到好報，以其昏昏，使人昭昭，不善於做深入細緻、合情合理的溝通，其結果事倍功半的例子也屢見不鮮。諸如此類，無不與管理者的語言表達技巧有著直接的關係。

美國人類行為科學研究者湯姆士指出：「說話的能力是成名的捷徑。它能使人顯赫，鶴立雞群。能言善辯的人，往往受人尊敬，受人愛戴，得人擁護。它使一個人的才學充分拓展，熠熠生輝，事半功倍，業績卓著。」他甚至斷言：「發生在成功人物身上的奇蹟，一半是由口才創造的。」口才是反映管理者綜合素養的一面鏡子。講話水準高，符合時代發展要求，展現管理者具備一定的政治思想水準和文化水準；符合企業實際情況，展現管理者熟悉情況，作風務實；能夠解決員工實際困難，展現管理者具備良好的作風和態度；能夠激發和調動員工積極性，展現管理者具備良好的人格魅力。這樣的管理者才受員工歡迎。其實，從嚴格意義上說，管理者的講話水準，不僅僅代表管理者個人的形象，也代表一個企業、一個團體或組織的形象。

對管理者而言，其工作就是向員工表達意圖，傳達指令，與員工進行思想上的交流。管理者說話水準的重要性，就在於能引起共鳴，使員工聽懂指令、聽進道理，激發員工工作的積極性和創造性，推進各項工作的發展。作為一名管理者，經常成為各種場合和各種活動的焦點和中心，人們也希望能經常聽聽上司的意圖和聲音，看看管理者的水準和表現。說話藝術欠佳，發言水準不高，管理者就會在員工面前丟臉。如果是一般人，一兩句話說漏了嘴，說跑了題，可能無關緊要，但管理者就不一樣了，輕者員工會認為沒水準；重者會失責失職失身分，產生嚴重影響，甚至犯錯誤。因此，管理者的說話能力對於推動工作，展示個人魅力，順利完成各項任務都有著非常重要的作用。

某企業因經營不善要倒閉，工人將面臨失業，不但拿不到遣散費，連欠發的薪資也兌現不了。

工人們聚集在主管辦公室的門口抗議，要求主管拿出解決的辦法來，情緒非常激動。

主管說：「工廠就在你們眼前，你們都看到了。現在把工廠拍賣，也恐怕沒有人買。就算能賣掉，也換不了幾個錢，如果先還上銀行貸款，大家還是分文拿不到。」

怎麼辦？把主管綁起來？把廠裡的產品搶回家？把機器、廠房砸爛還是燒掉，讓警察抓去坐牢？還是冷靜善後處理呢？

聰明的主管在一連串的問話後，接著說：「工廠是大家的。人人都是老闆。現在我們組成專案委員會，把工廠按比例分給大家，大家都是股東，都是老闆。少拿點薪水，努力工作，撐幾個月看看。賺了，是大家的。賠了，再關門也不遲。你們想想，現在把工廠砸了，什麼也拿不到，不如自己當股東老闆，繼續做做看。」

主管在詳細的分析了利害關係後，工人想了想，覺得廠長說得有道理，於是聽從了主管的勸說，紛紛集資入股重新做了起來。大家都把工廠當做自己的事來做，特別賣力，經過一段時間的經營，工廠居然起死回生，轉虧為盈，不但還清債務，工人還分到了紅利。

管理工作能否做好，說話是關鍵。馬雅可夫斯基說：「語言是人的力量的統帥。」在當今這樣的資訊時代、文明社會，管理者者無論是開會講話、上傳下達，還是交際應酬、傳遞情感，都需要用語言交流。衡量一個管理者是否有力量，這種力量能否變現出來，在基本上要看他的說話能力。管理者精湛的口語表達能力，在實際工作中具有不可估量的魅力和偉大。

管理者如同戰場上的將軍，是激勵部屬的核心人物，也是決定事業勝敗的關鍵因素。任何一個組織、一項事業，都離不開一個指揮全域的統帥。在現代社會裡，管理者具有承上啟下的作用，他的絕大部分時間是在與人用語言交流。管理者講話是行使管理職能及進行商務活動必不可少的。它與管理者所承擔的工作職責和管理地位密切相關，好的口才是管理者必須具備的能力和素養。講話水準的高低，直接關係到管理工作的成效和管理者的威信。

會說話是管理者的資本

縱觀古今中外，口才一直為人們所重視。劉勰在《文心雕龍》一書中，對口才的作用作了最經典的評價：「一言之辯，重於九鼎之寶；三寸之舌，強於百萬之師。」美國口才訓練大師戴爾．卡內基也說：「假如你的口才好，可以使人家喜歡你，可以結交好的朋友，可以開闢前程，使你獲得滿意。有許多人，因為他善於辭令，因此而擢升了職位，有許多人因此而獲得榮譽，獲得了厚利。你不要以為這是小節，你的一生，有一大半的影響，由於說話藝術。」由此可以看出，一個能說會道的人，到處受人歡迎，辦起事來也總是順順利利；反之，則在交際中處處碰壁，辦起事來困難重重。作為一名管理者更是如此。管理界戲稱舌頭、美元、電腦是現代管理者的「三大策略武器」，其中，舌頭即口才，位居「三大策略武器」首位，足以說明口才的重要性。

口才是一種技術，更是一門藝術。口才就是講話的才能，它是衡量一個管理者領導能力和素養的最重要指標之一。作為一個管理者，必須具備良好的口才。任何行業的管理者，都必須借助語言來進行上、下級和工作上的溝通，從而達到管理的目標。

在工作運行過程，管理者大部分是以語言為媒介的，可以說，講話水準展現在管理者行使權力的全過程中。講話水準的高低，是管理能力的直接展現，也展現著領導魅力的強弱。笨嘴拙舌的人往往當不好稱職的管理者。如由於管理者方法不當，因為語言情勢惡化，把事情搞糟的事例大量存在；不善於了解員工心理，不善於運用語言技巧，不講方式方法，不看對象、場合，無法樹立自己領導威信的也不乏其人；好心不被人理解，善意得不到好報，不善於做深入細緻、合情合理的溝通，將好事辦成壞事的例子也屢見不鮮。如此等等。從這一意義上說，管理者講話與一般人講話是不可同日而語的。所以，管理者要使自己的語言表達做到吸引人、折服人、教育人、感召人、激勵人、影響人的作用，就必須善於研究語言藝術，形成自己的語言風格。這是一個管理者做好領導工作必備的一門基本功。

張強供職於一家世界五百強大公司，他職位攀升的速度簡直可以稱為令人咋舌，而且絲毫不費吹灰之力。他許多同僚的能幹程度並非不及他，但是，他是一位非常傑出的公眾講話者；他的口才不僅有效，而且極具說服力。

毋庸置疑，他因此擁有了一項無往不利的利器。

卓越的講話能力能在人身上造就「奇蹟」，這種能力能夠使人脫穎而出。美國前總統尼克森曾經說過：「凡是我所認識的重要領袖人物，幾乎全都掌握一種正在失傳的藝術，就是特別擅長與人作面對面的交談。我認為這個共同點並非偶然。領導即說服。領導力即說服力。」作為一位管理者，要不斷提高自己的講話水準，使自己在萬眾矚目之下，身處各種場合之中，面對各種對象之時，都可以樹立超凡出眾的形象和應有的權威。

有這樣一個故事：

古代有個國王，要征服他的三個鄰國，決定出兵攻打這三個國家。這時，宰相站出來進言：「不，我們得先征服他們的心，然後再將他們各個擊破。」國王問：「你有什麼法子征服那三個國王的心呢？」宰相胸有成竹的說：「只要摸清他們的脾氣，我就可以隨心所欲擺布他們了。」

過了幾天，宰相來到了第一個鄰國。他走進王宮向國王問候、施禮，然後說:「我的主人聽說陛下寫了一首韻律優美的讚美詩，所以派我向陛下請求:請您答應我把詩帶回我們的國家，讓我國的詩人傾聽您的佳作。」

國王聽後高興極了，滿口答應：「我把這首詩交給我的兄弟—你們的國王吧！需要我給貴國效勞，儘管說！」

宰相趁機說：「陛下偉大王國遙遠山區的人民，有時從我們那裡偷綿羊。假如您能派遣一支隊伍到那裡去教化人民奉公守法，那您就做了一件好事。」

國王高興的說：「當然可以。」

宰相又來到第二個鄰國，他走進王宮向國王問候、施禮：「我主人聽說陛下軍隊訓練有素，行動迅速，組織嚴密。請求陛下派遣一支精銳部隊開到我國邊疆的某個地方去，好讓我們國王大飽眼福。」

國王心裡甜滋滋的，說：「當然，當然，這支軍隊將立刻到那裡！」

宰相來到第三個國家，向國王問候、施禮，說：「我的主人和我們大家，都聽說陛下的棋下得棒極了，所以派我來向陛下請教一二，指導我們國王下棋。」國王大為振奮，當即慷慨賜教。

宰相趁著國王高興，趕緊說：「我國有一些強盜，逃到了陛下偉大的領土邊疆的山裡去了，您能派遣軍隊搜捕他們，我們將感激不盡！」

國王說：「當然，當然，我的軍隊立刻到那裡！」

宰相辦完了事，立即回國，對自己的國王說：「第一個鄰國的軍隊，已到邊遠的西部山區；第二個鄰國的軍隊，正在我國邊界等候您的檢閱；第三個鄰國的軍隊到了遙遠的東部山區，您現在可先消滅第二個鄰國的軍隊，再去殲滅另兩個鄰國的軍隊！」

國王按照宰相的主意，各個擊破，很快就凱旋歸來，而且俘虜了三個鄰國的國王。

國王驚奇的問宰相：「你是用什麼辦法調遣他們的呢？」

宰相說：「我了解到：第一個國王自詡是個偉大的詩人；第二個國王自詡是個無敵將軍；第三個國王自詡是個棋壇高手；當我把這些事情了解得一清二楚時，他們的命運就全捏在我的手心裡啦！」

管理者，眾之首也。管理者要實現有效的、成功的主管，必須充分利用好領導環境，導之於言而施之於行，最大限度的引導和調動被管理朝著既定的目標共同努力。而要引導和調動別人，成功溝通和積極鼓動的語言是重要的手段。

一個管理者的說話能力，常常被當做考察管理者綜合能力的重要指標。能言善辯、口才卓越的管理者越來越顯示出一種獨特的優勢，他們在各個領域因口才能力的有效發揮，而充分施展著自己的才幹，並給自己的事業注入更多的成功因素。

說話與事業的關係至為密切，它是管理者勝任本職工作最重要的條件之一。知識就是財富，口才就是資本。能說會道，才能正確的領悟上級的意圖並恰當的表達出來，一個唯唯諾諾、語無倫次的人定不能勝任自己的工作。

透過講話讓上級、同事、員工更深層次的了解你，才能讓大家信任你，才有機會被提拔到更高的職位，勝任更重要的任務，才有施展才華、事業成功的機會。用好這種催化劑，事業成功也便指日可待了。

引起他人共鳴，講話富有感染力

有這樣一個故事：

一位衣衫襤褸的盲老人，在繁華的巴黎街頭乞討，身旁寫了一塊牌子：「我什麼也看不見」，過往的人很多，但沒有人注意他。中午，法國著名詩人讓．彼浩勒經過這裡，見到牌子上的字，問盲老人，老人家，有人給你錢嗎，老人茫然的搖搖頭，臉上的神情十分悲傷。 讓．彼浩勒聽了，悄悄的在那行字的前面加上了「春天來了，可是—」就匆匆離去了。傍晚，詩人又來到這裡，問盲老人下午的情況，盲老人笑著回答說，「先生，不知為什麼，下午給我錢的人多極了！」讓．彼浩勒聽了以後，摸著鬍子滿意的離開了。

同樣的意思用不同的話來說，效果就不同，同樣的話，從不同人的口裡說出來，所達到的效果也不同，同一個人，由於環境不同，即便說的是同樣的話，可是含義會發生很大的變化。這就是語言的妙處。成功管理者是善於掌握這種語言妙處的人，因此，他們一開口就顯得不同凡響。

管理者的公務活動通常採用報告、溝通、鼓勵、表揚、批評等方式進行。而採用這些方式都離不開語言的表達，都需要有較好的口才。工作中的語言表達也是一門藝術。如果侃侃而談，娓娓動聽，能使人受到較強的感染力。

對管理者來說，大量的溝通，是要靠語言去完成的。話說好了，耳朵聽著順，心裡想得通；話說擰了，熱心能變涼，好事能變壞。這就要求管理者講話要有感染力，懂得一些說話的藝術。

美國石油大王洛克菲勒的兒子小洛克菲勒，在一九一五年處理一起工業大罷工時，就是運用誠懇的演說，解決了與工人之間的矛盾。

科羅拉多州煤鐵公司的礦工為要求改善待遇，進行了罷工，因為公司方面處理不善，這次罷工又演變成流血的慘劇，勞資雙方都走了極端。這次罷工持續了兩年之久，成為美國工業史上一次有名的大罷工。小洛克菲勒最初使用軍隊鎮壓的高壓手段，釀成了流血慘劇，不僅沒有解決問題，反而使罷工時間更延長下去，使自己的財產受到更大損失。後來他改變方法，採用柔和手段，把罷工的事情暫時置之不談。他深入到工人當中，親自到工人家中慰問，使雙方的情感慢慢轉好。然後他叫工人們組織代表團，以便和資方洽商和解。他看出工人們已經對他稍稍釋去了敵意，於是對代表們做了一次十分懇切的演說。就是這次演說，解決了兩年來的罷工風潮。

在演講中，小洛克菲勒說：「在我有生之年，今天恐怕要算一個最值得紀念的日子。我十分榮幸，因為能和諸位認識。如果我們今天的聚會是在兩個星期之前，那麼，我站在這裡就會是一個陌生人了，因為我對於諸位臉孔的認識還只是極少數。我有機會到南煤區的各個帳篷裡看了一遍，和諸位代表都做了私人的個別談話；我看過了諸位的家庭，會見了諸位的妻兒老幼，大家對我都十分客氣，完全把我看作自己人一般。所以，今天我們在這裡相見，我們已經不再是陌生人而是朋友了。現在，我們不妨本著相互的友誼，共同來討論一下大家的利益。這是使人感到十分高興的。參加這個會的是廠方職員和工人代表，現在蒙諸位厚愛，我才能在這裡和諸位相見並努力化解一切矛盾。這種偉大的友誼，我是終生不會忘掉的。大家的事業和前途，從此更是展開了無限的光明。今天雖然是代表著公司方面的董事會，可是，我和諸位並不站在對立的地位。彼此有關的生活問題，現在我很願意提出來和大家討論一下。讓我們一起從長計議，獲得一個雙方都能兼顧到的圓滿解決辦法，因為，這是對大家有利的事。」

這段講話雖沒有華麗詞藻，但話語誠懇，具有感染力，引起了礦工的廣泛共鳴，小洛克菲勒一下子使自己擺脫了困境。反之，如果一個人在語言上不遵循「誠能感人」的原則，就會失信於眾，輕則影響個人的形象和聲譽，重則危及組織的前途和生存。

善於發表飽含理性、充滿熱情、合乎邏輯、富有感染力的講話，是一個企業管理者領導水準的重要標誌，也是其個人魅力的重要展現。在公開場合發表講話，是管理者發動員工、教育員工、鼓舞員工的重要方法。只有提升講話的感染力，使講話簡明扼要、通俗易懂、新鮮活潑、生動形象又富有變化，才能激發起廣大員工的興趣，才能贏得與會者的讚許，從而增強講話的效果。否則，不但吸引不了員工，指導不了工作，反而會使員工產生反感。因此，企業管理者能否使自己的講話更具感染力，事關自身形象和工作大局，必須予以重視。

管理者要提高自己的表達能力，一般應在以下四個方面加強鍛鍊。

1. 發音標準，吐詞清晰

清晰的表達能夠讓他人聽清楚你說的是什麼，這對管理者來說是一項最基本的要求。作為管理者，發音一定要標準，吐字一定要清晰。語言表達是否清晰，普通話的流利和標準與否，都會直接影響管理者講話的感染力。

2. 掌握節奏，語速適中

講話的語速也會影響聲音的感染力。如果說話的語速太快，別人可能還沒有聽明白，你就已經說完了，反之；如果你說得太慢，就會讓別人失去了傾聽的耐性。因此，最恰當的做法應該是根據具體情況，來調節自己的語言節奏，以做到恰到好處的停頓，從而取得良好的談話效果。

3. 情理交融，聲情並茂

講話時，要把聲調、表情、遣詞用語所要表達的內容配合起來，一致起來。例如：在講到愛護集體利益的行為事例時，以高興的感情，使用稱讚、欣賞的詞句，就會使大家在認識到這種行為能結集體帶來好處的同時，產生一種榮譽、嚮往、羨慕的體驗；在講到不守紀律的行為事例時，以厭惡的感情，使用指斥、責備的詞句，就會使大家產生一種羞恥、鄙視、不滿的體驗。這樣就會有感染力，號召力，使聽者有了鮮明的情感傾向，甚至給人摩拳擦掌的鼓動作用，去改正自己的不好行為，多做些有益的事情。

4. 思維敏捷，語言流暢

管理者講話還要注意語言的流暢性。語言是思維的外在表現，一個說話很流暢的人，通常被人認為是個思維敏捷的人，或者可以反過來說，正因為他的思維敏捷所以他才能如此流暢。而且，語言流暢也可以很好的增加自己的自信心，同時也能獲得別人的好感與信任，讓人相信你的能力。

展現親和力，拉近彼此的距離

親和力是發自內心的一種感染力，是人生性隨和、性格淡然、保持平常心的一種表現。在管理工作中，有親和力的管理者更受下屬的歡迎，因為他讓人感覺面善，相處起來舒服、自然，總能營造出一種和諧的工作環境。這個道理很簡單，春天般溫暖的臉總讓人捨不得離開，而那冰冷刺骨的容顏只會讓人望而止步。

法國作家拉封丹寫過的這樣一則寓言：

北風和太陽比威力，看誰能把路人身上的大衣脫掉。北風首先來一個冷風凜冽寒冷刺骨，結果路人為了抵禦北風的侵襲，便把大衣裹得緊緊的。太陽則徐徐吹動，頓時風和日麗，路人因為覺得春暖上身，始而解開鈕扣，繼而脫掉大衣，太陽獲得了勝利。

可見，親和力多麼重要，一個微笑、一句貼心的話、一個力所能及的幫助、卻能給人以親切、舒服的感覺。很多事情只有別人從心裡願意去做，才會去做，像太陽一樣給人以溫暖，別人才牢牢的圍在你的周圍，所以，親和力在管理工作中具有極其重要的作用。

親和力是親切、友善、易於被別人接受的一種力量，就如同美好的事物令人無法拒絕一樣。親和力不是靠嚴肅的說話態度來產生的，而是一種自然而然的力量，它讓與你交往的人感覺到快樂。

語言的親和力首先來自語言的親近感。很難設想，說些冠冕堂皇、虛情假意的話就可以產生親切感。因此，即使對話雙方身分不同，處境各異，只要說的是坦率的、真誠的、發自肺腑的話，往往都能達到增加親切感的作用。

一家工廠面向社會招聘廠長，其中一位四十多歲的女士獲得了大家的一致好評，最後勝出。讓我們看看她在應聘過程中的表現：

問：「你是個外行，靠什麼治廠，怎樣調動起大家的積極性？」

答：「論管理企業我並不認為自己是外行，何況我們廠還有那麼多懂管理的幹部和技術高超的老師傅，有許多朝氣蓬勃、勇於上進的年輕人。我上任後，把老師傅請回來，把年輕人的工作、學習和生活安排好，讓每個人都做得有勁，玩得舒暢，把工廠當成自己的家。」

問：「我們廠不景氣，去年一年沒發獎金，我要求調走，你上任後能放我走嗎？」

答：「你要求調走，是因為工廠辦得不好，如果把工廠辦好了，我相信你就不走了。如果你選我當廠長，我先請你留下看半年有無起色再說。」

話音剛落，全場立即掌聲四起。

問：「現在正議論機構和人員精簡，你來了以後要減多少人？」

答：「調整幹部結構是大勢所趨，現在科室的幹部顯得人多，原因是事少，如果事情多了，人手就不夠了。我來以後，第一目的不是減人，而是擴大業務、發展事業……」

問：「我是一名女工，現在懷孕七個多月了，還讓我在生產線裡站著工作，你說這合理嗎？」

答：「我也是女人，也懷孕生過孩子，知道哪個合理，哪個不合理，合理的要堅持，不合理的一定改正。」

女工們立即活躍了起來。有的激動的說：「我們大多是女工，真需要一位體貼、關心我們疾苦的廠長啊！」

可見，擁有親和力的管理者就像一塊磁鐵一樣，格外能吸引他人。

親和力是人與人之間資訊溝通，情感交流的一種能力。具有親和力的管理者，會每天都保持自信樂觀向上的心情去面對每一個人，對每一個人都不覺得陌生，會視他們為熟人朋友老鄉親人，這將使別人加深其信任感。

親和力能夠方便管理者與下屬之間的溝通和交流，人都是有感情的，下屬當然也不例外，感情的溝通和交流能夠讓管理者和下屬之間建立一座信任的橋梁。信任的建立將會有效的消除人的交流的難度。所以，管理者要善於建立自己的親和力。

管理者講話必備的素養

口才不僅是管理者能力、人格、素養的外在表現，更是達到工作目標的重要手段，同時還是衡量管理者影響力大小的一個重要標準。這是因為管理工作的特殊性，決定了語言表達藝術的重要性。企業管理者肩負著執行上級的路線、方針、政策，制定本公司、本部門的發展決策，率領下屬和員工，實現既定的宏偉目標這一重任。因此，管理者的意圖、意志、指標體系、工作措施和手段，均離不開高超的語言表達才能。要做一名稱職的管理者，必須具備較高的講話水準。

語言表達能力是管理者必備的一項基本功，是考驗管理者綜合素養的一面鏡子。也是衡量領導水準的一把尺子。著名領導力大師華倫．班尼斯曾說：「領導者與常人的區別在於，領導者能夠把握說話的技巧，清楚明白的表達人類共同的夢想，」作為企業的管理者，不可避免要出入各種公眾場合，和各種人打交道，如何運用得體的語言進行談判、演講，說服他人，以及如何激勵員工，都需要管理者具有一定的講話水準，講話水準是領導能力的展現。

作為企業管理者，講話必須掌握以下一些特點：

1. 語言運用的準確性

準確性是管理者講話的基本要求。任何一個管理者所說出的話，如果失去了準確性，不但沒有任何藝術可言，而且還會失去所有與之相聯繫的個人和組織的信任。所以說，管理者在領導活動過程中，能夠準確的運用語言，是十分必要的。

2. 說話時語氣要自然

從某種意義上說，並不存在一個「絕對正確」的講話方式。展示權力的最好方式是使之自然流露。管理者不必刻意發表鼓舞人心的演講或者按照預定的時間開玩笑，也不必刻意的讓自己的聲音聽起來充滿著威嚴。盡量自然一些，要知道，在談話中，管理者表現出來的真實越多，就越能充分展示自己，獲得下屬的認同。

3. 講話要突出重點

講話的目的就是讓別人明白自己的意思，然而一些沒有經驗的管理者往往喜歡滔滔不絕，他們只是不停的說啊說，沒有停下來考慮一下自己究竟要說些什麼，直到講話的最後才進入正題。這樣一來，下屬們不得不努力去把握上司到底說了些什麼。請記住，你對下屬講話時，他們應當能夠對你的觀點一目了然。如果你毫無次序的從一個話題跳到另一個話題，那麼在你背後留下的將是迷惑與不服從。為此，在講話之前你應該先進行思考，檢查一下你想說的話並進行篩選，挑出那些最相關、最重要的話語。你還可以事先將自己的觀點歸納一下，最好能夠形成幾個重點，比如「之一、之二、之三」，或者「首先、其次、再次」，然後在講話時直截了當的告訴員工們，不要逼他們和你玩「捉迷藏」的遊戲。這樣做至少有兩個好處：第一，避免下屬記憶太多的內容而產生混亂；第二，確保自己說出的是那些確實需要說的話。

4. 認識上的指導性

在工作中，管理者往往就重大工作的指導和重大問題的認識而發表講話，因此，既有傳達決策的指令功能，又有深化認識的理論功能。所以，講話要對推進工作，對深化和統一認識有指導作用。

5. 減少不必要的重複

當你面對下屬而感到緊張時，你也許會變換不同角度來重複同樣的觀點，以至於你的下屬們疲於點頭而感到厭煩。當然，如果你認為需要充分的、清楚的表達你的觀點的話，你可以對那些和有重要的資訊進行重複或者換一個說法。策略性的重複可以加強你的觀點。但是，一遍又一遍的重複那些無關緊要的語言只會削弱你講話的力量。

6. 風格上的個性

通常，管理者以個人身分代表企業組織發言，因此，講話的風格、格調要與自身的情況特點相適應。同一方面的內容，由職務、分工、經歷不同的人講，應有不同的風格。

7. 說話時不要太謹小慎微

現實中存在這樣的情況：由於害怕承擔責任，很多管理者往往表現得太過謹慎，即使是做一個很小的決定也非常猶豫。這很明顯的表現在：他們在講話時經常使用那些表示不確定語氣的副詞，比如「可能」、「也許」、「假如」等等。如果職業對你的要求是你必須盡量做到謹慎和準確，那麼這樣說話當然很好。但是不要忘了你的身分，作為一個企業的管理者，你必須經常作出決策。你或許很想向下屬展示你的能力和決心，而這樣的措辭只會適得其反。

8. 講話具有鼓動性

一個卓越的管理者，首先應該是一個鼓動家。他要以語言去撞擊人們的心靈，激勵下屬的情緒，堅定下屬向前的意志。在報告、演講、講話中，管理者要傳達給下屬某種可能達到的目標和希望，最大限度調動大家的情緒。

充滿自信，讓你不再畏首畏尾

口才，是一種語言技巧。它可以展現一個人的自信，也可以顯示一個人的價值。在很多公開場合，我們需要發表自己的意見，展現自己的才華。古人云：一人之辨，重於九鼎之寶；三寸之舌，強於百萬雄師。這就是口才的魅力。

一個人有沒有自信，是完全可以透過說話判斷出來的。如果你能把自己的想法或願望清晰、明白的表達出來，那麼說明你的內心一定具有堅定的信心和明確的目標，同時你充滿信心的語話也會感染他人，吸引他人的注意力，還會對你的事業發展有著巨大的推動作用。

自信是成為一名卓越管理者的良好基礎。只有具備了充分的自信，你再開始有所行動，才能得心應手的處理手頭上的工作，也才能在下屬面前樹立起令人服從的形象。沒有人會跟隨一個缺乏自信的管理者。

美國前總統羅斯福，當他還是參議員時，瀟灑英俊，才華橫溢，深受人們愛戴。有一天，羅斯福在加勒比海度假，游泳時突然感到腿部麻痺，動彈不得，幸虧旁邊的人發現和挽救及時才避免了一場悲劇的發生。經過醫生的診斷，羅斯福被證實罹患了「小兒麻痹。醫生對他受人們愛戴。有一天，羅斯福在加勒比海度假，游泳時突然感到腿部麻痺，動彈不得，幸虧旁邊的人發現和挽救及時才避免了一場悲劇的說：「你可能會喪失行走的能力。」羅斯福並沒有被醫生的話嚇倒，反而笑呵呵的對醫生說：「我還要走路，而且我還要走進白宮。」

第一次競選總統時，羅斯福對助選員說：「你們布置一個大講台，我要讓所有的選民看到我這個患麻痺症的人，可以『走到前面』演講，不需要任何拐杖。」當天，他穿著筆挺的西裝，面容充滿自信，從後台走上演講台。他的每次邁步聲都讓每個美國人深深感受到他的意志和十足的信心。後來，羅斯福成為美國政治史上唯一一個連任四屆的偉大的總統。

自信的語言，展現了一個人的人格魅力。在與他人說話時，你的自我感覺會在基本上影響著別人如何看待你。如果你心裡都覺得自己「行」或「可以」，那麼你就能得到對方的賞識和尊重，對方也願意與你繼續交流下去。所以說，培養一種自信的感覺是非常重要的，它會讓你在與人溝通的過程中受益無窮。

有一位賣地板清潔劑的銷售代表到一家飯店去銷售，剛一推開經理室的門，發現先一步已有一家公司的銷售代表正在銷售地板清潔劑，而且經理已表示要購買，後進來的銷售代表湊過去看了看說：「經理，我也是銷售地板的清潔劑的，不過我的產品品質比他的好！」後到的銷售代表將自己銷售的清潔劑往地上一潑，擦了兩下說：「你來看！」地上變得乾乾淨淨的，先進來的銷售員呆了，不知道怎麼去對付。飯店經理看了，對先來的銷售員說：「你以後別來了，我要這家了。」

可見，自信是成功的先決條件。一個人如果沒有自信，那麼這個人的言語的影響力就弱，所要表達的想法就不會被有效的傳達，也不利於和他人進行有效的溝通。所以說，自信的人具有豐富的個人魅力和感染力，他們更容易與人溝通和交流。

一個叫黃美廉的女子，自小就患上腦性麻痺症。此病狀十分驚人，因肢體失去平衡感，手足便是常亂動，眯著眼，仰著頭，張著嘴巴，口裡說著模糊不清的詞語，模樣十分怪異。這樣的人其實已失去了語言表達能力，不亞於啞巴。

但黃美廉硬是靠她頑強的意志和毅力，考上了美國著名的加州大學，並獲得了藝術博士學位。她靠手中的畫筆，還有很好的聽力，來抒發自己的情感。

在一次講演會上，一個不懂世故的中學生竟然這樣提問：「黃博士，你從小就長成這個樣子，請問你怎麼看你自己？」在場的人都在責怪這個學生不敬，但黃美廉卻十分坦然的在黑板上寫下了這麼幾行字：「一、我好可愛；二、我的腿很長很美；三、爸爸媽媽那麼愛我；四、我會畫畫，我會寫稿；五、我有一隻可愛的貓；六……」最後，她再以一句話作結：「我只看我所有的，不看我所沒有的！」

不愧是黃博士！她以自己的實踐，道出了走好人生路的真諦：人需要自信，要接受和肯定自己。

由此可見，一個人是否擁有自信，特別在與人交流的時候，顯得至關重要。通常情況下，一個說話自信的人，他知識廣泛、頭腦靈活、判斷力強、信心十足，說話富有磁性而有吸引力，同時，他還能在各種談話場合中，得心應手，滔滔不絕，贏得別人的認同和讚揚。

自信的語言是一種人格的魅力。沒有信心，人們就無法開展有效的交流。而能否保持自信，能否有效的開展交流，決定了你能否擁有成功的事業。個人成就的大小，報酬率的高與低，將直接與你說話的自信度成正比。大凡有所成就的管理者，他們對自己了解相當清楚，並且肯定自己，他們的共同點是說話十分自信，時時刻刻都用積極的語言來表達自己，讓自己自信起來。

以下是幫助管理者建立自信的幾種方法：

1. 學會自我激勵

學會自我激勵，要給自己一個習慣性的思想意念。別人能行，相信自己也能行；其他人能做到的事，相信自己也能做到。平時要經常激勵自己：「我行，我能行，我一定能行。」、「我是最好的，我是最棒的。」特別是遇到困難時要反覆激勵告誡自己。這樣，就會透過自我積極的暗示機制，鼓舞自己的鬥志，增加心理力量，使自己逐漸樹立起自信心。

2. 當眾發言

在組織或團隊會議中，很多人從來不發言，因為他們害怕別人覺得自己說的話讓人覺得他們很笨。其實，這種恐懼的想法並不對。一般而言，人們的承受力比想像的更強。事實上，大多數人都在和同樣的恐懼作鬥爭。只要努力在每個會議中大聲說出自己的想法，你就可能成為一個更好的發言者，對自己的想法也會更自信，並會被公認為同類的領導。所以，不論是參加什麼性質的會議，每次都要主動發言，也許是評論，也許是建議或提問題，都不要有例外。而且，不要最後才發言。要做破冰船，第一個打破沉默。也不要擔心你會顯得很愚蠢，不會的。因為總會有人同意你的見解。所以不要再對自己說：「我懷疑我是否敢說出來。」

3. 提升自己的外在形象

俗話說「人要衣裝，佛要金裝」，一身光彩的衣著，是你建立自信的基礎。一套筆挺的西裝會使得一個男子漢莊重起來，一襲長裙會使得一個女性的舉手投足都顯得亮麗、迷人。因此，漂亮的儀表能夠得到別人的誇獎和好評，提高人的精神風貌和自信心。所以，管理者平時要學會多注意自己的儀表，保持髮型美觀，衣著整潔、大方。當你的儀表得到別人的誇讚時，你的自信心一定會油然而生。

非語言交流，用肢體語言提升領導力

肢體語言又稱身體語言，是指經由身體的各種動作來傳達人物的思想，從而代替語言藉以達到表情達意的溝通目的。它是一種雙向的表達和溝通方式。恰當得體的運用表情和肢體，能夠配合語言表達人們的思想、感情和態度。

在某些情況下，肢體語言甚至可以取代話語的位置，發揮傳遞資訊的功效。美國作家威廉姆．丹福思曾有這樣一段描述：「當我經過一個昂首、收下顎、放平肩膀、收腹的人面前時，他對於我來說，是一個激勵，我也會不由自主的站直。」

這段話道出了身體語言對他人產生微妙影響的玄機。即便在你沉默不語的時刻，你的姿態、神情，已經在無聲的告訴人們你是誰，並且一定程度的決定了人們將如何對待你。

在西方的商業領域和政治領域，很多成功人士深刻理解身體語言在領導中的作用。國外最新的研究表明：現在所有溝通行為中，單純的語言成分只占百分之七，聲調占百分之三十八，另外的百分之五十五資訊都需要由非語言的肢體來傳達。由此可見，一個善於溝通的人必定要善於運用身體語言。

在黛安娜葬禮的電視節目中，大家會很快的區別出皇室人員和非皇族的社會名流。因為皇族成員從小就經受了正規、傳統的皇家標準禮儀訓練，他們的每一個舉止都流露著自豪、高貴和優雅。無論你多麼不喜歡查爾斯王子，但不得不承認他確實能夠從普通人中脫穎而出。他沒有太多的動作，但是他與眾不同。他的雙手永遠不會防範的放在腹前，而這個微妙的動作，可以把久經風雲的大政治家、皇族們和普通人區分開，把一個自信的人和一個靦腆的人區分開。

邱吉爾首相有一個經典手勢—「V」形手勢。比如他在當選首相的時候，在發表演說的時候，在盟軍登陸諾曼第的時候，在法西斯土崩瓦解的時候，他總是喜歡伸出食指和中指，做出一個豪邁的「V」形手勢。現在「V」形手勢已成為世界通用的手勢了。正如他的夫人克萊門蒂娜於一九五三年十二月十日代邱吉爾先生領取諾貝爾文學獎時所說：「在黑暗的年代裡，他的言語以及與之相對的行動，喚起了世界各地千百萬人們心中的信念和希望。」

法國的戴高樂在發表演講時總是聳起肩，作出要抓住天空的手勢，用來有效的煽動人們的情緒。

事實上，很多成功人士都會將身體語言的培養當做一項重要的功課，並透過這種良好而有意識的訓練，形成了他們優雅的舉止。

在日常的生活工作中，為了進行有效的交流和溝通，管理者一定要注意用一些身體語言幫忙交流，否則，就算你口頭已傳達了正確的資訊，也無法將自己所要傳達的資訊全部準確送出。

李主任在某公司人事部工作，因為工作需要經常要找下屬談話，本想藉此機會多了解一些員工的情況和思想動態，可下屬好像都不願意敞開心扉，每次談話總是草草收場，就連平時下屬也不太願意和他交流。為此，李主任常常很委屈的說：「其實我很注意和下級的交往，從來不打『官腔』，力爭平等的對待每一個下屬，也很願意和下級溝通思想，可是為什麼大家對我還是有這麼強烈的生疏感呢？」

事出必有因。原來，正如李主任自己所說的那樣，對來談工作的部屬，無論職務的高低，他都是熱情接待，可是當開始交流的時候，李主任就顯得有點「心不在焉」了，下級彙報工作的時候，李主任很少把目光投向下屬，雖然也在認真的聽，可手邊總是「不閒著」，一會批批文件，一會看看電腦，有時下屬的話還沒有說完，李主任就會打斷，表明下屬的意思他已經明白了。於是，和他談工作的下屬的反應也是「言簡意賅」的把事情說完，就匆匆離去。

看來，管理者能否恰當的運用身體語言是溝通的關鍵。在日常的工作生活中，如果管理者善於運用身體語言，就能把對部屬的尊重、理解、支持和關愛無聲的傳遞出去，達到意想不到的效果。反之，則會造成溝通的障礙。

對於管理者來說，身體語言的運用是一項重要技巧，應注意以下幾個要點：

1. 目光的交流：眼睛可以反映人的情緒、態度和情感變化。俗話說，「眼睛是心靈的視窗」，人與人之間的溝通有時不需要說話，僅僅靠眼神的傳遞就能「傳情達意」了。同樣，管理者與下屬之間有效的目光交流也是保障溝通順暢的「潤滑劑」。

目光的交流，首先要注意注視的部位。管理者在與下屬溝通時應用親切、友好的目光注視下屬的臉部，與下屬進行直接的目光接觸和交流。人的臉部可以分為兩個區域，額頭至雙眼之間是正三角區，注視這一部位表示雙方談話都處於非常嚴肅、認真狀態；雙眼到嘴之間是倒三角區，注視這裡有利於傳遞禮貌友好的資訊。管理者可以根據談話性質的不同選擇不同的注視部位。其次，要注意目光停留的時間。管理者在與下屬交流時既不可以說話不看下屬，也不可以直盯著下屬不放，應自然。大方的與下屬進行目光交流，讓下屬在你的目光中看到親切、友好和自信，感受到溫暖和舒適。再次，要注意注視的方式。管理者與下屬交流時應保持「正視」，即要一本正經的看著下屬，讓下屬感受到你的認真和對他的重視。一般平視（平等注視）會讓對方感到自然親切，不要居高臨下俯視對方，更不可擺出一副不屑一顧的表情。另外，適時給予下屬一些積極的目光的注視既是一種尊重，也是一種鼓勵，對於下屬來說，主管眼神流露出的一點點讚賞，也會大大鼓勵下屬繼續「暢所欲言」。

2. 開放的姿態：當一個人雙臂交叉在前胸的時候，往往會給他人一種明顯的自我保護暗示—感到不夠確定或者不夠安全。這樣的防禦性姿勢也會引發別人的戒備心理，這顯然不會讓你受歡迎。當然，雙手交叉在背後會顯得比較有信心和氣勢，不過在東方文化中這種主管講話式的姿勢顯得有些不夠謙虛謹慎。比較而言，開放性的肢體語言比較放鬆，容易讓人親近，例如：雙臂自然下垂或者在適當的時候微屈前臂伸出雙手，有誰會拒絕一個接納的懷抱呢？如果你實在是覺得開放的姿勢比較困難，不妨雙手交叉在腰以下，不過手不要搓來搓去，會人感覺你不自信。

3. 得體的行為：有些管理者在和下屬的溝透過程中會有不自覺的看錶、翻閱檔、亂寫亂畫等行為，這些做法會使下屬產生你很厭煩或不感興趣的感覺，這樣的溝通顯然是無法順利進行的。管理者在與下屬溝通的過程中一定要專注，停下手中不相關的工作，要展現讚許性的點頭和恰當的臉部表情，當然也不能刻意追求效果，任何反應都不能誇張。

4. 身體的接觸：管理者可以透過與他人的身體接觸來實現溝通。恰當的運用身體觸摸，可以更好的拉近與下屬的距離。比如可以用與下屬握手、拍拍下屬的肩膀、給別人一個擁抱等方式來表達友好、鼓勵、安慰等情感。不過，管理者在使用人體觸摸方式時必須考慮雙方的年齡、級別、性別、場合等因素，不可隨心所欲、任意妄為，以免引起不必要的誤會和麻煩。

開口之前，管理者應駕馭好自己的情緒

情緒是指人們對客觀事物所持態度產生的內心體驗，在面對一些繁瑣的

事情時，人都容易產生焦躁不安，或者悲觀，或者焦慮，或者沮喪，或者憤怒……這些都是情緒的一種表現。

我們每個人都生活在情緒的海洋中。情緒這東西十分微妙，難以言傳，它看不見，摸不著，對我們的影響往往超乎想像。

人在情緒激動的時候，往往認識範圍狹窄，判斷能力下降，思維僵化，動作笨拙，不利於工作、學習及解決問題。此外，激動的情緒還可導致身體各器官和生理上的一系列變化，比如：心率加快、血壓上升、消化腺活動受阻等，對自己的身心健康造成嚴重的影響，甚至引起疾病。

雖然我們明明知道不良情緒對我們有很大的影響，但還是容易受不良情緒的干擾。

在拿破崙．希爾事業生涯的初期，他就曾受到個人情緒的困擾。有一次，拿破崙．希爾和辦公室大樓的管理員發生了一場誤會。這場誤會導致了他們兩人之間相互憎恨，甚至演變成了激烈的敵對狀態。這位管理人員為了顯示他對拿破崙．希爾一個人在辦公室工作的不滿，就把大樓的電燈全部關掉。這種情形已連續發生了幾次，一天，拿破崙．希爾在辦公室準備一篇預備在第二天晚上發表的演講稿，當他剛剛在書桌前坐好時，電燈熄滅了。

拿破崙．希爾立刻跳起來，奔向大樓地下室，找到了那位管理員並破口大罵，足足罵了五分鐘。直到他再也找不出更多的罵人的詞句了，只好放慢了速度。這時候，管理員直起身體，轉過頭來，臉上露出開朗的微笑，並以柔和的聲調說道：「你今天早上有點兒激動，不是嗎？」管理員的話似一把銳利的劍，一下子刺進拿破崙．希爾的身體。拿破崙．希爾的良心受到了譴責。待他控制了憤怒的情緒後，他平靜了下來，他知道，他不僅被打敗了，而且更糟糕的是，他是主動的，又是錯誤的一方，這一切只會更增加他的羞辱。於是，拿破崙．希爾歉意的說：「對不起！我為我的行為道歉—如果你願意接受的話。」管理員臉上露出那種微笑，他說：「憑著上帝的愛心，你用不著向我道歉。除了這四堵牆壁以及你和我之外，並沒有人聽見你剛才說的話。我不會把它傳出去的。我也知道你也不會說出去的。因此我們不如就把此事忘了吧？」

拿破崙．希爾向他走過去，抓住他的手，用力的握了握。拿破崙不僅是用手和他握手，更是用心和他握手。在走回辦公室的途中，拿破崙．希爾感到心情十分愉快，因為他終於鼓起勇氣，化解了自己做錯的事。

之後，拿破崙．希爾下定決心，以後絕不再失去自製。因為當一個人不能控制自己的情緒時，另一個人—不管是一名目不識丁的管理員還是有教養的紳士—都能輕易的將自己打敗。

看來，學會控制自己的情緒，對於每個人而言都是相當重要的，它是我們成功的前提，更是我們身心健康的保證。

生活中，擾人心情的事情時有發生，並成為影響我們情緒的罪魁禍首。因此，我們要看清自己的弱點，不要受到情緒的影響，用意志來控制自己，從容應付突發事件。

人很容易受情緒的影響，對管理者來說也是如此。一個成熟的管理者應該有很強的情緒控制能力。當一個管理者情緒很糟的時候，很少有下屬敢彙報工作，因為擔心他的壞情緒會影響到對工作和自己的評價，這是很自然的。一個高層管理者情緒的好壞，甚至可以影響到整個公司的氣氛。如果他經常由於一些事情控制不了自己的情緒，有可能會影響到公司的整個效率。從這點意義上講，當你成為一個管理者的時候，你的情緒已經不單單是自己私人的事情了，他會影響到你的下屬及其他部門的員工；而你的職務越高，這種影響力越大。雖然控制情緒如此重要，但真正能很好的控制自己情緒的管理者並不多，特別是對於性情急躁和追求完美的管理者而言，控制情緒顯得尤為困難。

李國民是一家傢俱銷售公司的副總經理，儘管有時會對下屬發點小脾氣，但他並不是一個暴躁的管理者。不過，幾個月前一次亂發脾氣，至今都讓他深為懊悔，暗暗在心中引以為戒。

那天一大早，因為要多給老家的父母一些過年紅包的問題，和老婆吵了一架，心情很差。摔門而出後，一路上看什麼都不順眼。

帶著滿腔怨氣，來到了辦公室，看到工程部的張經理正和下屬們聚在一起有說有笑，他的脾氣因此一觸而發，不可收拾。

「張強，公司是請你來做事，還是請你來說笑話的？」平常都稱呼「張經理」，此時是直呼其名，語氣嚴厲。

「老大，我是在安排今天的工作呢。」張強委屈的辯解，和下屬們一致用不明就裡的眼光看著，都覺得今天的他有點莫名其妙。

「老大，什麼老大！你以為這裡是黑社會啊？」沖張強越吼越凶。

自己為公司累死累活的工作，還要受這樣的怨氣，張強最後實在受不了了，就和爭吵了起來。

最終的結果是，張強一氣之下辭了職，投奔到了競爭對手的門下，同時還帶走了幾個大客戶，處處與原公司作對。

由此可見，對管理者來講，保持良好的情緒至關重要。我們要學會理智的控制情緒，用適當的方法轉移和調節自己的不良情緒。

日常的工作中，管理者會遇到各種各樣的困難。其中，不少事情是很令人氣惱的。當遇到氣人的事情時，很多管理者按捺不住自己，容易發脾氣，甚至在憤怒中不能自制。如此不但無助於局勢的扭轉效果反而適得其反。因為，面對氣急敗壞的管理者，下屬更多的不是反思自己工作中的問題而是將精力集中於評判管理者這種惡劣的態度。

曾經有一位美國經理負責管理印尼海洋的石油鑽井台，一天，他看到一個印尼雇員工作表現比較糟糕，就怒氣衝衝的對計時員說：「告訴那位混帳東西，讓他搭下一班船滾開！」這句粗話使這位印尼雇員的自尊心受到極大刺傷，他被激怒了，二話不說，舉起一把斧頭，就朝經理殺來。經理見狀大驚，連滾帶爬的從井架上逃到工棚裡。那位雇員緊追不捨，追到工棚，惡狠狠的砍倒了大門。這時，幸虧鑽井台的人及時趕到，力加勸阻，才避免了一場惡戰和災禍。

這位美國經理禍從口出，掌控不住情緒，不管三七二十一發洩一通，結果搞得場面十分難堪。

擁有良好穩定的情感自制力，是一個高效率的成功團隊和它的管理者者必備的素養。企業的管理者從事的管理活動，是關係到某個企業的工作發展，某項事業的成敗興衰，相關人員的利害得失的複雜勞動，沒有積極情緒的支援是不行的。這就需要管理者自覺主動的對個人的情緒進行自我控制，創造良好的心境。

下面介紹一種情緒的自我調節方法，供管理者在情緒波動時一試。

1. 保持理智，遇事冷靜些。理智的對待周圍的人和事，理智的對待自己遇到的麻煩，不能頭腦發熱，意氣用事。
2. 凡事要想長遠，顧及後果。時刻以大局為重，以友誼為重，把個人的利益榮辱放在次要地位，這種品質往往能幫助人成就一番事業。
3. 加強自我修養，通達事理。成熟的人能夠透過自己的努力來調節自己的氣質。思想修養越好，自覺調節氣質的能力就越強，遇事就可以站在更高的角度來處理。遇到不愉快的事，採取自我分心的辦法，自覺的把注意力轉到別的事情上。
4. 保持良好的心境，排除不良情緒。應防止因身體不適或疾病而影響心情，做到樂觀、開朗、豁達。當心情好的時候，即使別人把自己一件心愛的東西弄丟，也不會發怒，心情不好時，別人友好的問個路，也會不耐煩。

第二章

口才出眾，語言魅力決定領導魅力

語言傳達的不僅是一種資訊，更是一種力量。出眾的語言表達能力，是一個人的素養、能力和智慧的全面而綜合的反映。作為一個企業的管理者，善於運用語言的藝術和魅力，不僅對領導活動的順序開展和領導目標的順利達成產生重要影響，而且對管理者樹立良好的個人形象至關重要。

輕諾者必寡信，管理者要言而有信

言而有信是管理者最大的資本，失信於人的管理者將會非常孤立和無助。約翰．巴爾多尼在《管理者誠信是金》一文中指出，「誠信對於一位管理者來說至高無上。有了它，他才能夠領導人們到達『承諾之地』；沒有它，他就會在期望失落的荒漠上徘徊不前。誠信一旦失去，也許就無法重新獲得。因此，對於任何一位希望有所建樹的經理，一大教益就是要保護好你的誠信，照顧好它，永遠不要把它遺失。」

春秋戰國時，秦國的商鞅在秦孝公的支持下主持變法。當時處於戰爭頻繁、人心惶惶之際，為了樹立威信，推進改革，商鞅下令在都城南門外立一根三丈長的木頭，並當眾許下諾言：誰能把這根木頭搬到北門，賞金十兩。圍觀的人不相信如此輕而易舉的事能得到如此高的賞賜，結果沒人肯出手一試。於是，商鞅將賞金提高到五十金。重賞之下必有勇夫，終於有人站起將木頭扛到了北門。商鞅立即賞了他五十金。商鞅這一舉動，在百姓心中樹立起了威信，而商鞅接下來的變法就很快在秦國推廣開了。新法使秦國漸漸強盛，最終統一了中國。

作為一名企業的管理者，一定要言而有信。只要答應過的事情，就要「言必信，行必果」。只有這樣，才能得到他人的信任。否則，一切弄虛作假行為，終究弄巧成拙，從而慘遭失敗。

信賴是卓越管理者的寶貴資產。管理者必須重視長期培養自己的個人信用，比如說什麼時候加薪，說了之後一定得兌現。失信於下屬是對下屬的最大傷害。說到做到，是對自己的行為負責，也是對下屬負責。

但現實生活中，有的管理者為了激發下屬的積極性，對下屬的要求，不管合理與否，不管能否辦到，一律滿口答應。還有的輕易許願。這雖然會賺得下屬一時高興，但因很多要求是不應滿足或無力滿足的，當過一段時間諾言不能兌現時，下屬就會對管理者不滿。

威輪集團是一家生產引擎的大型私人企業。二〇〇〇年，集團成立了一個專案部，開始了舷外機的仿製開發。

當時，舷外機在民用和軍工市場上都有巨大的潛力，利潤空間比通用引擎大得多。為了加快研發進度，搶占市場空間，威輪集團主管領導對舷外機研發組許下承諾：如果在規定的時間內開發出達到滿足特定技術指標的產品，集團將給予研發組十萬元的獎勵。

在兩位老專家的指導下，研發組的年輕工程師們開始了緊張的工作。經過大家的不懈努力，產品在規定期限內開發出來，並達到了特定的技術指標。之後，威輪集團為產品上市開展了各種推介活動。然而，市場對其推介活動反應平平，潛在客戶多數處於觀望之中。

市場的冷淡反應澆滅了集團管理層的熱情，集團領導者放出話來：「專案沒有達到預期效果，市場沒訂單別提獎勵的事。」聽到這個消息，長時間負重衝刺的研發人員們感到心灰意冷。在不到半年的時間內，大多數研發人員都離開威輪，各奔前程了。五年之後，舷外機市場熱鬧起來。威輪集團準備重啟舷外機專案的時候，卻發現當年的研發人員已經全部離開，要想重啟這個專案，企業必須再招一批人馬，另打鑼鼓重開張。

俗話說，輕諾者必寡信。這往往是造成企業社會形象不佳、信用下降、企業內部矛盾及員工抱怨甚至流失的罪魁禍首。承諾是一把「雙刃劍」，它既能激勵人們的信心，鼓起人們的勇氣，也能打擊人們的決心與勇氣。對管理者來說，最重要的是言而有信，對沒有把握的事情不要輕易去許諾，因為無法兌現許諾將比不許諾更糟。把握好承諾與兌現的尺度，是每個管理者的必修課。

不論什麼情況下，管理者對員工出爾反爾都是一件非常嚴重的事情，它會極大的損傷員工的積極性，還會損害管理者的聲譽和信用。因此，作為企業管理者，在許諾之前，須經過一番深思熟慮，對工作運行結果作出合理性預見，確定兌現承諾有無可能，切忌不假思索、不切實際的亂許一通。否則，既是對職員感情的傷害，也是對自身形象的不負責任。

1. 說話留有餘地

作為企業管理者，說話許諾時要學會留有餘地，不要把話說滿。這樣做好處有二：第一，以防萬一事情有變給自己留有周旋的空間。第二，超出員工的心理預期，給大家一個意外驚喜。比如:當初允諾員工六，員工得到八，員工會感覺很好，感激不盡，當初如果允諾員工八，員工也得到了八，員工會感覺理所當然。當初允諾員工十，員工只得到了八，員工會覺得你在騙他，不誠信，同樣是員工得到了八，效果如此懸殊其關鍵的原因就是允諾和兌現二者關係問題處理的藝術與否。

2. 說到就要做到

既已許諾，管理者就要有「一言既出，駟馬難追」的氣魄和風度，需要做到「言必信，行必果」，兌現承諾，給下屬以信心和安全感。這是樹立權威的基本要求，也是管理者人格魅力之所在。對下屬尊重必能獲得下屬的信任，從而換來下屬在工作中的全心全意、兢兢業業。這是企業發展的重要力量源泉。

3. 許諾要清楚明白

雖然要謹慎許諾，但是在實際的工作中不可能不許諾，因為沒有許諾就沒有激勵，任何員工都需要激勵，許諾無處不在，但是許諾時應把握一條，許諾的條款明明白白，不要含糊其辭，為什麼呢？因為同一樣一句話，不同的人理解是不一樣的，即使同一個人在不同環境，不同心境下理解也是不一樣，無論怎麼理解，人們有往自己最有利的那一面去理解，所以，承諾給員工時一定要講得清清楚楚，明明白白，盡量不要給員工理解產生歧義的可能，這樣保證許諾是剛性的。也就是說大家努力的目標是一致的，不然事成之後大家的矛盾也就產生了。

4. 學會處理意外情況

管理者的「許諾」也有失效的時候。這是因為，市場運行的規律常常會打破一些企業管理者的雄心壯志，同時也會打破他當初滿懷信心的諾言。縱使管理者許諾之前充分評估了諾言實現的可能性，在風險規避上也有了足夠的考慮，但是在實際運作過程中還是會出現種種偏差，遭遇無法估量的阻力，以致先前的諾言變得可望而不可即。在此情況下，作為管理者，也不可對自己的許諾置若罔聞，把「失諾」當成一種理所當然。積極的做法是要及時與下屬進行溝通、交流與協商，曉之以理、動之以情，以獲得他們的理解，這更加展現了對下屬的尊重，展現了管理者的涵養和修為。

總之，管理者要深刻認識到「一諾千金」的重要性。因為你是主管，你的話具有一定的權威性。如果你自己破壞了這一權威性，你的員工也不會對你保持信賴和尊敬。

長話短說，提升管理者的威信

《墨子．附錄》中有這樣一則寓言：

有一名學生向墨子請教：「話多好嗎？」墨子回答說：「青蛙日夜鳴叫，可仍然沒有人聽；報曉公雞一叫，天下為之振動。話不在多，關鍵在於合乎時宜。」

這個寓言告訴我們：語言的精髓，在精而不在多。口才最差的人，往往可能就是那些喋喋不休的人，說了一大堆，也沒有說出主旨，反而還認為自己很棒。事實上，要真正的將自己的話說得高效率，就必須讓自己的語言簡練，要能在最短的時間內讓對方明白你所說的意思。

美國總統哈里．杜魯門一生中最推崇簡潔的語言，他曾說過：「一個字能說明問題就別用兩個字」。而這同樣是許多管理者所認同的方法。

在第二次世界大戰期間美國人擔心日本夜間空襲，於是政府部門頒布了燈火管制命令：「務必做好準備工作。凡因內部或外部照明而顯示能見度的所有聯邦政府大樓和所有聯邦政府使用的非聯邦政府大樓，在日軍夜間空襲時都應變成漆黑一片。可透過遮蓋燈火結構或終止照明的辦法實現這種黑暗。」

當富蘭克林．羅斯福獲悉這項指令後，他換上了自己的命令：「要求他們在房屋裡工作時必須遮上窗戶；不工作時，必須關掉電燈。」

哪一種說法聽起來更有說服力呢？第一個命令廢話連篇，給聽者增加了理解的負擔，只有在刪掉那些官樣文字後才能明白這條命令。羅斯福的話簡短明瞭，並以談話的方式表達。更妙的是，羅斯福讓活生生的人參與具體的工作，透過這種方式使這條命令更加具有活力。

作為管理者，講話一定要言簡意賅，力求精練。實際表明，會長話短說的管理者，就很容易得到別人的認可和喜愛，提升個人的威信。

現實中常看到一些企業管理者喜歡講話，逢會必講，每講必長。信口開河，漫無邊際，似滔滔江河不絕。因為在他們看來，講話是顯示自己的能力，不講就會失掉身分。至於講話有沒有用，那不是他們關心的事情。這些管理者可能並不知道，你在那裡津津樂道，聽者卻苦不堪言以至厭惡。實際上，講話的效果和長短往往成反比。講長話則效果差，短則效果好，這是實踐早已證明過的經驗。

在劍橋大學的一次畢業典禮上，整個大禮堂裡坐著上萬名學生。他們在等待偉人邱吉爾的到來。在隨從的陪同下，邱吉爾準時到達，並慢慢的走入會場，走向講台。

站在講台上，邱吉爾脫下他的大衣遞給隨從，接著摘下帽子，默默的注視著台下的觀眾。一分鐘後，邱吉爾才緩緩的說出了一句話："Never Give Up ！"（永不放棄！）

說完這句話，邱吉爾穿上了大衣，戴上帽子，離開了會場。整個會場鴉雀無聲，頃刻間掌聲雷動。

這是邱吉爾一生中最後一次演講，也是最精彩的一次演講。他僅僅用了幾個字，就將自己要演講的內容說了出來，語言貴精不貴多。邱吉爾就是用簡潔的語言達到了這個目的。

管理者善於長話短說是一種能力和藝術。不過，長話短說並不是目的，目的是要講有用的話。管理者要善於長話短說，更要善於講有用的話。做到有話則短，善於講一些能給人以啟迪、對推動工作有實際意義的短話。如果講話不切實際，滿篇套話空話，即使講話時間不長，卻使聽者味同嚼蠟，乏味枯燥，還是浪費了時間和精力。

明代有個大臣，名字叫茹太素，此人有才是有才，就是寫起文章來喜歡長之又長。有一次，他寫一個公文，本來只用五百字就可以完成，而他竟然用了一萬七千字，滿篇的套話、官話、空話，在朱元璋面前，他滔滔不絕的讀著公文，讀完了幾頁，還不見他切入正題。朱元璋越聽越生氣，因為他「厭聽繁文」，於是便龍顏大怒，命令手下人將茹太素一頓痛打。

這個故事無非告訴人們這樣一個道理：講話要長話短說。事實上，講短話已成為當今世界上的一種風氣。像申辦奧運會那麼浩繁的工作，申辦陳述也僅有半小時；聯合國一些會議的發言多數被限定在數分鐘之內。承辦《財富》全球論壇年會，會議發言就規定時限為九十秒。但是，有些管理者習慣了的講話方式，儘管內容大同小異，甚至脫離了主題，還要說上幾句，強調幾句，補充幾句。但是，雖然言者滔滔，費盡口舌，換來的卻是聽者懨懨，苦不堪言。

據說，有人曾去詢問馬克・吐溫：「演說是長篇大論好呢，還是短小精悍好？」馬克・吐溫沒有正面回答，而是講了一個有趣的故事：一個禮拜天，他到教堂去，適逢一位慈善家正用令人哀憐的語言講述非洲慈善家的苦難生活。當慈善家講了五分鐘後，他馬上決定對這件有意義的事情捐助五十美元；當慈善家講了十分鐘後，他就決定將捐款減至二十五美元了；當慈善家繼續滔滔不絕講了半小時之後，馬克・吐溫又決定減到五美元；慈善家又講了一個小時後，拿起缽子向大家哀求捐助，並從馬克・吐溫面前走過時，馬克・

吐溫卻反而從缽子裡偷走了二美元。馬克．吐溫原本決定捐助五十美元，最後卻變成偷走二美元，似乎太不近情理，但細想起來，卻是理所當然的。

有人說過：「時間就是生命，無端空耗別人的時間，其實是無異於謀財害命的。」那位慈善家本來只需五分鐘就能講完的話，卻滔滔不絕的拉長到六十分鐘，致使他的說話形象一落千丈，說話風格令人生厭，這怎能不引起馬克．吐溫的反感，以至於惡作劇的從那位慈善家的缽子裡偷走兩美元。關於這一點，管理者特別要注意。

事實上，如果管理者把話說得短些，並不影響講話的效果，因為講話時間長，並不意味著講話效果好。講短話，是在追求效率，是懂得珍惜時間的表現，也是對別人的尊重。更為重要的是，這樣的講話別人才有可能聽進去，並認真執行。

微笑魔法，打造卓越的主管形象

在這個世界上，有一種全人類的共同語言，它就是「微笑」。笑容是有魔力的，它會感染給身邊的人，使人與人之間的關係更加融洽。拿破崙．希爾這樣總結微笑的力量：「真誠的微笑，其效用如同神奇的按鈕，能立即接通他人友善的感情，因為它在告訴對方：我喜歡你，我願意做你的朋友。同時也在說：我認為你也會喜歡我的。」

潘傑是一家外貿公司的銷售經理，別看他年輕輕輕，但卻幾乎具備了成功男人應該具備的所有優點。他有明確的人生目標，他的嗓音深沉圓潤，講話切中要害；有不斷克服困難信心；他走路大步流星、工作雷厲風行、辦事乾脆俐落；而且他總是顯得雄心勃勃，富於朝氣。他對於生活的認真與投入是有口皆碑的，而且，他對於下屬也很真誠，講求公平對待，與他深交的人都為擁有這樣一個好朋友而自豪。但初次見到他的人卻對他少有好感。這令熟知他的人大為吃驚。為什麼呢？仔細觀察後才發現，原來他的臉上幾乎沒有笑容。

平日裡，潘傑深沉嚴峻的臉上永遠是炯炯的目光、緊閉的嘴唇和緊咬的牙關。即便在輕鬆的社交場合也是如此。他在舞池中優美的舞姿幾乎令所有的女士動心，但卻很少有人同他跳舞。公司的女員工見了他更是如同山羊見了虎豹，男員工對他的支持與認同也不是很多。而事實上他只是缺少了一樣東西，一樣足以致命的東西──一副動人的、微笑的臉孔。

可見，整天板著一張臉孔的人是沒有人喜歡的，如果你想做一個受歡迎的管理者，就不要忘記微笑。

微笑是一種感染力，能達到振奮人心、鼓舞士氣的作用。如果管理者時常滿臉愁容、唉聲歎氣、身心疲憊以致抱怨連連，那麼就會引起下屬的不滿和反感，也會使工作環境籠罩在一片灰暗陰沉的氛圍之中，這會大大挫傷團隊的銳氣和進取心。

張華到某公司任經理一職，不久就發現，公司開會時，只要他在場，參加會議的人就顯得很緊張，都不願發言，就算發言也是哆哆嗦嗦的。他心裡很納悶，經過仔細了解，終於弄清了緣由:他的神情太嚴肅，總是板著臉孔，讓人感到害怕。打這以後，他從「臉」上做起，經常對著鏡子練習微笑。同下級在一起時，盡量放鬆心情，談笑風生。過了不久，在他主持或者參加的會議上，大家都能踴躍發言。對此，張華深有感觸的說：主管的臉是冷若冰霜還是掛著微笑，效果大不一樣。

由此可見，微笑有著偉大的力量。對管理者來說，企業良好人際關係的建立與調節可以以微笑作為潤滑劑而得以實現。所以，你不妨對你的下屬或員工發自內心的微笑，對於你來說，也許只是臉部肌肉的一張一弛，但對你的員工來說他們得到的是理解、尊重、愛護、關懷這四種需求的同時滿足。微笑就如同陽光一樣，給人帶來溫暖，在員工心中升騰起來的是感激之情，融洽的人際關係自然就容易建立，你在別人心目中的好感也會與日俱增。

然而在現實生活中，有一些企業管理者對微笑的作用存有誤解。他們認為，主管應該表情嚴肅，嚴肅才能有威嚴；如果常常微笑，就會失去威嚴。

其實，嚴肅需要，微笑同樣需要。有的場合需要嚴肅，有的場合需要微笑；有的時候需要嚴肅，有的時候需要微笑。不能不分場合、時間、對象，一概表情嚴肅，或者一概予以微笑。該微笑時就微笑，既不會失去應有的威嚴，反而能增加自身的魅力。

在工作中，管理者的微笑能營造一個良好舒心的工作氛圍，讓下屬能感受到自己的親和力和工作動力。在你向下屬解釋了下一步企業要實現的目標與要完成的任務之後，試著微笑著對你的員工說：怎麼樣？我想你一定會很好的完成任務吧？這時員工們會怎麼想呢？他們一定從你的微笑中看到了勝利後的喜悅，感到了你對他們的信任與器重，體會到了你對他們的深切期望。由此，他們完成任務的責任心與信心會在他們回敬你的自信的微笑中得以展現。

試想，你聽員工的工作彙報或意見，始終是一副毫無表情的臉孔，只是偶爾的「嗯」、「啊」表示贊同，那麼員工是會將你的這副臉孔裝進他們心中建立的你的私人小檔案中的。而且很可能這次彙報會突然被員工快速收場，因為他們一直在懷疑你是否真的願意再聽下去。

而對彙報者報之以微笑，也許會使情勢大為改觀，員工們會從微笑中感覺到你對所述問題的興趣與重視，而且他們會從中受到很大鼓舞，因此將心中所有的感觸、想法全盤托出，既讓你了解了他們的真實心態，又知道了員工工作的客觀情況，而這些正是身居上層的管理者者最需要的資訊。

美國前總統雷根深知微笑的奧祕，認為優秀管理者的角色在於「把活潑、愉悅的微笑臉孔展現給大家，把積極、自信的堅毅精神散發出來」。微笑是管理者與員工之間溝通的橋梁。它不僅表現了管理者工作中的豁達情懷，更反映出企業內部人際關係的融洽與和諧。它讓工作與工作變得更加緊密；讓人與人之間更加信任和寬容。

美國俄亥俄州的 RMI 公司曾一度生產崩塌，瀕臨破產。公司派丹尼爾任總經理，企業很快改變了面貌。丹尼爾的辦法很簡單，他在工廠裡到處貼上這樣的標語：「如果你看到一個人沒有笑容，請把你的笑容分給他一些。」「任何事情只有做起來興致勃勃，才能取得成功。」標語下簽了丹尼爾的名字。丹尼爾還把工廠的廠徽改成一張笑臉。平時，丹尼爾總是春風滿面，笑著同人打招呼，笑著向工人徵詢意見。在他的微笑管理下，三年後，工廠沒有增加任何投資，生產效率卻提高了 百分之八十。美國人把丹尼爾的這個方法叫做「俄亥俄州的笑容」。

可見，微笑的力量是巨大的。用微笑的方式來調節企業人際關係時，每個人的心理上就會有樂觀處事、積極向上的創造業績的最佳情緒狀態。所以說，管理者要經常把微笑掛在臉上。微笑會傳染給每一位員工，原本緊張的工作氣氛會變得輕鬆活潑，員工心情愉悅，就會愉快的接受各項指令，工作效率也會隨之提高。

總之，管理者要用微笑面對每一位下屬員工，讓微笑為下屬員工增添信心和力量，讓下屬員工更有決心做好工作；用微笑塑造和諧融洽的氛圍，讓下屬員工消除壓抑、消除緊張，更樂意做好工作；用微笑來不斷傳遞對下屬員工的尊重、信任、關懷的資訊，讓下屬員工從微笑中獲得價值滿足，從而更積極的做好工作。

打造幽默領導力，為管理者增添風采

在人際溝通中，幽默是心靈與心靈之間快樂的天使，擁有幽默就擁有愛和友誼，凡具有幽默感的人，所到之處，皆是一片歡樂和融洽的氣氛。有人曾說：「沒有幽默感的語言是一篇公文，沒有幽默感的人是尊雕像，沒有幽默感的家庭是一間旅館，沒有幽默感的社會是不可想像的。」可見，一個人在與人溝通時不能沒有幽默感，特別是管理者，由於工作的特殊性，「動嘴」比「動手」的時候要多，所以，在說話過程中，一定要恰當的運用幽默語言。

一位將軍到基層檢查工作，他召開一個士兵座談會，想了解一下士兵們自主學習的情況。儘管將軍深入淺出的啟發，平易近人的誘導，但士兵們還是有點緊張，顯得很拘謹。突然，將軍問一名士兵：「你知道馬克思是哪國人嗎？」那名士兵不假思索的回答：「馬克思是蘇聯人。」剎那間，知道答案的士兵都想笑而又不敢笑，有的人甚至為這名士兵擔憂，以為將軍會對他嚴加批評。可誰也沒想到，將軍卻笑容可掬的說：「是呀，馬克思也有搬家的時候啊！」話音一落，笑聲四起，座談會的氣氛頓時變得活躍起來，士兵們大都說出了自己的心裡話。

幽默是人們調節生活的味精，對企業的管理者而言，幽默的談吐不僅可以增加親和力，而且可以折射出智慧的光芒。

據美國針對一千一百六十名管理者的調查顯示：百分之七十七的人在員工會議上以講笑話來打破僵局；百分之五十二的人認為幽默有助於其開展業務;百分之五十的人認為企業應該考慮聘請一名「幽默顧問」來幫助員工放鬆;百分之三十九的人提倡在員工中「開懷大笑」。一些著名的跨國公司，上至總裁下到一般部門經理，已經開始將幽默融入到日常的管理活動當中，並把它作為一種嶄新的培訓手段。

美國歐文斯纖維公司曾在新世紀之初解雇了其百分之四十的員工，考慮到可能由此而引起的種種問題，該公司管理層聘請了專門的幽默顧問，利用兩個月的時間對一千六百多名員工施行了幽默計畫，在公司內開展了各種幽默活動。結果，沒有出現公司所擔心的聚眾鬧事、陰謀破壞、威脅恫嚇、企圖自殺等可怕後果。

可見，幽默的力量可以融洽人際關係，化解公司的內部矛盾，化解裁員過程中可能出現的各種風險。運用幽默進行管理，管理者往往可以取得很好的效果。

幽默作為管理者的一種優美、健康的品質，恰如其分的運用會激勵員工，使之在歡快的氛圍中度過與你相處的每一天。幽默的管理者比古板嚴肅的管理者更易於與下屬打成一片。有經驗的管理者都知道，要使身邊的下屬能夠和自己齊心合作，就有必要透過幽默使自己的形象人性化。

王主任中年謝頂，在一次年終酒會上，有一個小夥子在敬酒時不小心灑了一點啤酒在王主任頭上，王主任望著驚慌的小夥子，用手拍了拍對方的肩膀說：「小老弟，用啤酒治療謝頂的方子我實驗過很多次了，沒有書上說的那麼有效，不過我還是要謝謝你的提醒。」

全場頓時爆發出了笑聲。人們緊繃的心弦鬆弛下來了，王主任也因他的大度和幽默而頗得大家的讚許。

幽默作為一種語言藝術，在企業的管理中有著重要的作用。在富有幽默藝術的管理者周圍，很容易聚集一批為他效力的員工，員工在與他們的管理者共事時，管理者的幽默會擺脫許多尷尬情景，使員工保住面子，並為有你這樣的管理者而高興，並為你勤奮工作。

在工作中，我們時常可以看到，有的管理者做報告時饒有風趣，下屬們都愛聽；做溝通時，語言生動，容易入耳入心，下屬都樂於接受；平時和下屬接觸，大家覺得他可親可愛，都願意和他接近。這樣的管理者，必然會贏得下屬的尊重和愛戴，人際關係也會協調得好，在工作中會達到事半功倍的效果。如果說管理是科學嚴謹的事，那麼，適當的幽默管理就是管理中最能展現幽默的調味料，它有利於更好的調動員工的積極性，增強團隊的凝聚力，加強團隊成員的親密度，提高溝通的效率，緩解工作壓力帶來的緊張感。如果說嚴謹是管理的常態，那麼，幽默就是嚴謹之外的潤滑劑。

有一位年輕人新近當上了董事長，上任第一天，他便召集公司職員開會。他自我介紹說：「我是傑利，是你們的董事長。」然後打趣道：「我生來就是個領導人物，因為我是公司前董事長的兒子。」參加會議的人都笑了，他自己也笑了起來。他以幽默來證明他能以公正的態度來看待自己的地位，並對之具有充滿人情味的理解。實際上他委婉的表示了：正因為如此，我更要跟你們一起好好的做，讓你們改變對我的看法。

幽默可以顯示出管理者高超的說話水準，恰到好處的幽默往往能取得意想不到的效果。管理者進行管理的目的是為了使他的下屬能夠準確、高效率的完成工作。輕鬆的工作氣氛有助於達到這種效果，而幽默則可以使工作氣氛變得輕鬆。

馬歇爾擔任英國航空公司的最高行政主管之時，有一次主持股東會議，與會者情緒非常激昂，會議中的緊張氣氛隨著大家對馬歇爾的質問、批評和抱怨而升高。其中有一女股東不斷質問部門在慈善事業方面的捐贈，她認為應該多些。

「部門在去年一年中，用於慈善方面有多少錢？」她帶著挑戰性問道。當卡普爾說出有幾百萬元時，她說：「我想我快要暈倒了。」

馬歇爾面不改色的說：「真那樣倒是好些。」

於是，隨著會場中大多數股東的笑聲—包括他的挑戰者自己，緊張的氣氛輕鬆了下來。

馬歇爾將看起來似乎有些敵意的質問轉變為幽默力量，化解了緊張的一刻，解除了大家焦慮的心情。他的幽默表達了重要的資訊：「這個部門重視人性的需要。我們的確關心，並且分享彼此的關心。」

可見，善用幽默的管理者具有很強的領導魅力，更容易獲得下屬的認同與追隨。很多成功管理者的實例都表明，透過幽默使自己的形象人性化是使下屬與自己齊心合作的關鍵。運用幽默進行管理，就是幽默管理，就是在管理工作的用人、溝通、激勵，組織建設、文化建設等多個方面，恰當的運用幽默的力量，把幽默的人性與管理的嚴肅性有機結合起來，在恰當的場合與時機，用幽默緩解氛圍，提出更容易被人接受的建議，增強管理者的親和力，如此等等。

幽默是一種創造性的本領，並不是隨便開開玩笑，說幾個讓人哈哈大笑的笑話而已，它展現了一個人的素養，只有在知識的沉澱下才能迸發幽默的火花。管理者在運用幽默管理時，要隨機應變，根據對象、環境以及剎那間的氣氛而定，但也需注意以下技巧：一是不要隨意幽默。幽默並不是隨時隨地都可以運用的，應在某些特定的場合和條件下發揮幽默。例如：在一個正式的會議上，當你的下屬在發言時，你突然冒出一兩句逗人的話，也許大家被你的幽默逗笑了，但發言的那位下屬心裡肯定認為你不尊重他，對他的發言不感興趣。二是幽默要高雅才好。三是不幽默時無須硬要幽默。如果當時的條件並不具備，你卻要盡力表現出幽默，其結果必定是勉為其難，到底該不該笑一笑呢？這會令彼此陷入更尷尬的境地。

幽默是思想、學識、智慧和靈感在語言運用中的結晶，是一瞬間閃現的光彩奪目的火花。它不是天生的，而是後天培養的，是一種可以學習的能力，是企業管理者的事業規劃中必須去提高的能力。

培養管理者當眾講話的心理素養

當眾講話是管理者的必修課。溫斯頓．邱吉爾曾經說：「一個人能面對多少人當眾講話，他的事業就能做多大！」作為一名管理者，不論你從事任何職業，當眾說話都不可避免的，如果總是吞吞吐吐、詞不達意，豈能當好一名管理者。

孫偉是一家外資企業的銷售員，他終日處於極端苦惱中。在一次競職銷售經理的演講中，他由於十分緊張，加上平日抽菸太多，導致演講時嗓子乾燥，不能說話。可想而知，他競職失敗了。但經歷了這次事件之後，孫偉的內心也因此留下了陰影，以後每逢人多場合就講不出話來，心跳加速，一句話也講不出，全身冒汗，緊張到了極點。在別人面前他感到非常自卑，總認為他們在嘲笑自己，這加劇了孫偉對社交的恐懼，而他的工作性質又要求他在眾人面前多講話，孫偉實在苦惱極了。

有一位資深主管，為了工作需要，不得不將下屬叫到辦公室，逐個安排工作，其實一個會議即可解決，但他對那種會議上的「焦點感」感覺緊張，不想因當眾發言的「語無倫次」，失了在下屬面前的威信，他坦言，這是他目前最大的困擾，也對工作效率有些影響。

「我總是不敢在員工大會上講話、發言，那會使我心跳加快，腦中一片空白……」有些很多人也坦然的承認自己說話的膽怯，而且對此頗為苦惱。

生活中，你是否也有這種害怕當眾講話的心理陰影。事實上，大多數人都程度不同的具有這種心理，或者說是怯場。美國的一位演講學家的觀點闡述了人們怯場的根源，他認為每個人都具有理性的、社會的、性別的、職業的自我形象，當人們進行演出、演講時，其自我形象完全展現在公眾的面前，由於擔心自我形象遭到破壞，因而產生了窘迫不安的怯場心理。怯場是每人都會有的一種心理障礙，有的人表現的比較強烈，當這種心理占據上風時，就會阻礙你前進的步伐。

一九九三年，布拉斯金一戈德林調查公司作了一項調查。研究證實表明，有百分之四十五的人當眾講話就會出現緊張的情緒。另外，亞特蘭大行為研究院的羅奈爾得·塞弗特所作的研究也表明：「有四千萬美國人不喜歡發言，他們寧願做任何事也不願意當眾講話。而且，多達四千萬需要經常講話的人無法擺脫焦慮和緊張。」所以，你如果以為只有自己害怕講話，那麼，你盡可以放心，你絕非那麼孤單。可以毫不誇張的說，人人都可能在說話前後或說話過程中出現緊張的心理：性格內向、沉默寡言者如此；天性活潑、思想活躍者如此；即便演說專家、能言善辯者也不例外。如果你要想自己有更好的發展，說話說得更加精彩就要放下思想包袱，每個人都會有說錯話做錯事的時候，別人議論也是正常的，「走自己的路，讓別人去說吧！」讓自己變得瀟脫一點，勇敢正視別人的「指指點點」。

有這樣一個女孩，一遇到人多的公眾場合，她就會緊張得要命，說話還會有些結巴。但她有一個習慣，那就是無論遇到什麼事她的臉上總會呈現出燦爛的微笑，也是這燦爛的微笑陪她度過了一生。

那一年，女孩所在的學校要組織演講比賽，女孩特別喜歡演講，於是便報了名。經過女孩的不懈努力之後終於進入了決賽，女孩高興極了，便把媽媽也邀請了過來。輪到女孩上場了，看到台下眾多的觀眾，她十分緊張。剛開口，就出現了結巴的情況。台下的人開始騷動了起來，有人嘲笑女孩：

「結巴也能演講？真不害臊！」甚至有人還在冷嘲熱諷。就連神情嚴肅的評委也有些顯得不耐煩了，女孩的媽媽生怕女兒會承受不住別人的諷刺，便小聲抽泣了起來。可下面發生的一幕讓全場在座的人都驚呆了，女孩不但沒有氣餒，反而面帶微笑並自信的說了一句：「我…相信…自己的…能…力，請大家也要…相信…我…好嗎？」這一番話短小而經典，讓台下的人都讚不絕口。台下漸漸安靜了下來，女孩也逐漸的擺脫了緊張的情緒，開始了她的正式演講。每個人都很用心的去聆聽女孩的演講，評委也給了女孩高度評價。演講結束後，台下響起了雷鳴般的掌聲，這掌聲是發自內心的！

二十年後，女孩成為了一名家喻戶曉的主持人，同時也克服了一緊張就口吃的毛病。當有人問女孩成功的祕訣時，女孩的臉上有閃出那令人熟悉的自信的微笑，女孩輕輕的說了一句，就這一句又讓在場的人震驚了：「什麼時候都要有著自信的微笑！」

上面這個故事告訴我們：在當眾說話時，產生一定程度的恐懼感是正常的，但是你要做的就是，利用好這種適度的恐懼感，使自己的講話說得更好。只要你肯多花時間，努力改變，不斷訓練自己，就會發現這種恐懼感很快就會降低到適當的程度，這時它就會成為一種動力，而不是阻力了。

邱吉爾可以說是二十世紀最偉大的政治家之一，但他在口才方面也並沒有什麼過人的天賦，完全與普通人一樣。他初次在國會演講時，為了準備這次演講，他一連幾天寫稿、背誦、對著鏡子反覆練習，生怕出點差錯，生怕當眾出醜。但是，演說那天，他擔心的事情還是發生了，他很緊張，而且很怕自己會表現不好，他越怕越緊張，腦海裡終於成為一片空白，結果使他尷尬極了。從那以後，他開始了對演講的鍛鍊，但與別人不同的是，他不是單純的去抓演講技能，而是改變了心理態度，在心理方面做了充分的準備，他不再害怕失敗，不怕出醜，不論在什麼場合，他都敢於當眾說出自己要說的話，於是，他很快變成了一位頗具感染力的演說家。

提高當眾講話能力的關鍵是克服畏懼、建立自信，這是實現更有效說話的前提。只有這樣，人們才能夠最大限度的發揮自己的潛在能力，在各種場合下發表恰當的講話，博得讚譽，贏得別人的喜歡，獲得成功。

作為管理者，也許你其他能力弱了一點，但當眾講話的能力一定要強。如果當眾講話能力確實欠缺，那就要努力彌補，尋找方法技巧。當掌握了當眾講話的技巧後，那麼以後不管何時何地，碰到什麼樣的演講主題和即興講話，遇上什麼樣的辯論和談判，你都能應付自如，不再無話可說！

管理者主持會議的語言藝術

會議是溝通協調的一個重要手段，也是公開表達意見的場所，透過參加會議能聽取眾人的意見及獲得需要的資訊。管理者召開會議，是為著一定的目的，有組織的商量議事、解決問題。這是一個互相交流、溝通的過程。一方面，有較多的與會人員透過會議主持人運用的語言以及表情、手勢等來觀察管理者的思想素養、組織決策能力和文化修養及對某個問題的態度與傾向；另一方面，管理者本人一般也利用這個機會，來貫徹自己的管理意圖，引導與會人員作出某項判斷或決策，並以此表現自己的管理藝術和才華。

有的管理者認為，會議只不過是一種形式而已，主持會議很容易。其實，這是一種誤解。要真正主持好會議，充分調動與會者的積極性，達到預期效果，需要把握好會議的每一個細節和環節。所以，對任何一名管理者來講，不斷研究和提高主持會議的語言藝術，樹立一個特定的語言形象是十分必要的。

1. 整理好會議的主題

無論開什麼樣的會議，都必須事先擬定好一項或幾項議題，這是會議的目的、核心和靈魂。會議主持人是會議的「舵手」，要隨時把握、駕馭好會議之舟，層次要清晰，邏輯要嚴密，表達要準確，中心要突出。切不可主次不分，輕重不分，內容龐雜，使聽者不知所云，無所遵循。

2. 會議講話要具有權威性

企業管理者一般是代表企業講話，報告的內容重要，影響深遠，往往成為聽者行為的規範和認識事物的指南，因此說話要具有權威性。再講到深層次和關鍵性的問題時，應該做到聲音洪亮，速度放慢，語氣加重，給與會者留下深刻的印象。如果強調講話只是重複會議內容，就事論事，不假思索的講些空話、套話，就會使與會者感到你並不高明，不僅達不到應有的作用，還會影響管理者的形象和權威。

3. 會議講話應準確生動

會議主持者置身於一個同與會者面對面的語言表達環境，並且除傳達檔外，通常不易用書面文稿照本宣科。因此，如果說得不分場合，不合身分，或政策精神拿捏不當，就會言不達意。如實、恰如其分的反映客觀事物的實際情況，真正用簡介精練的語言，給人以啟迪，給人以鼓舞。

4. 會議講話要通俗易懂

參加會議的人員，不可能都是一個知識層次，會議主持人不能不看對象，不管效果，在講話中大談艱深難懂的東西，即使是政策性、專業性、學術性較強的會議，主持人也要用樸實無華、淺顯易懂的語言來表達深刻的內容，把深奧的道理淺顯化。通俗易懂的語言不但讓人聽得不吃力，還會給人一種親切樸實、平易近人的感覺，能縮短主持者同與會者的距離。

5. 經常進行簡短概括

簡短概括如同在比賽場上翻動計分牌，能讓與會者或受到會議的節奏。同時也有助於澄清分歧點，引起與會者注意。主持人的簡短概括應限制在半分鐘內。及時概括、評論是占一些時間，但不會影響會議進程，相反，透過簡短概括，你為與會者樹立了一個珍惜時間的榜樣。你在直接推動討論向制定正確的解決方案挺進。

6. 不強調分歧，強調合作

與會者大都有自己的態度和觀點，這很自然。他們甚至知道有人持反對態度，這也沒有什麼關係。主持人要主管與會者共同合作，要講明解決問題需要與會者共同的智慧和決策，會場不是發洩個人恩怨的地方，也不是進行生死搏鬥的戰場，誰也不應當一意孤行。應當把個人當做決策機構中的普通一員，主持人應利用各種機會指出集體智慧大於個人智慧，方案的產生離不開合作。

7. 善於調動聽眾情緒

針對不同的會議，把聽眾的情緒鼓動起來，刺激聽眾的興奮點和注意力，是管理者主持會議過程中充分發揮評議藝術特色的一個重要課題。要因會制宜，在語言的運用上賦予不同的感情色彩。譬如在莊嚴的會議上，語言應注意嚴肅性、規範性；在歡慶會上，語言則應熱烈喜慶；再工作部署會上，語言應清晰、準確、明快，而動員、誓師會上，語言就必須富有鼓動性，以提高人們的決心與信心、幹勁和勇氣。不同的語言，應和不同的會議、不同的氣氛相配合、相一致。

8. 善於打破會議上的冷場

管理者在主持會議的時候，能順利打開局面，打破會場上的沉默，引導會議朝預想的方向發展，這是與管理者認識水準和良好的思維能力密不可分的。管理者的水準並不僅僅展現在以個人的權威和將自己的意圖強加於人，雖然要有「唯我獨尊」的威儀，但在方法上要注意靈活多變。在會議上要善於提問，積極引導，使會場呈現上一種生動活潑、毫不拘謹的局面，才有可能從各種不同角度、不同側而發現問題、提出問題、分析問題、解決問題。

9. 做好會議的總結工作

會議總結是會議主持者對會議情況的歸納性陳述，是主持者對會議的畫龍點睛之筆，關係到會議能否開得同滿成功，關係到會議品質的高低。管理者作會議總結發言，應尊重事實，一分為二，既充分肯定成績，又指出不足之處，尤其要對今後努力的方向和奮鬥目標予以強調。總結應力求客觀、符合實際。不要言過其實，隨意誇大。對會議的總結，在看到成績的同時，也要及時、客觀的指出存在的問題，提出今後需要努力的方面。會議的總結，往往能達到提醒、強化下屬意識的積極作用，所以管理者一定要加以重視。

出口成章，管理者要學會即興發言

所謂即興發言，就是在事先未做準備或準備不充分的情況下，臨場因時而發、因事而發、因景而發、因情而發的一種說話方式。

作為企業的管理者，經常出入各種公眾場合，得體的語言進行談判，說服他人，激勵員工，和各種人打交道，而這一切都離不開講話的藝術。很多時候，管理者還要在毫無準備的情況下，在未知的場合說話，這就要求管理著有較強的即興表達能力。管理者即興發言水準的高低，在基本上反映其說話水準的高低、其領導能力的高低。一個管理者要想樹立自己的成功形象，增強自己的領導能力和領導魅力，必須努力提高自己的即興發言水準。

一天，一些企業界和政府高級官員，參加一個製藥公司新設立的研究部門的開幕典禮。研究處處長的六名下屬相繼發表了有趣而又非常成功的演說。

「說的真是太好了，」一位官員對研究處長說，「你的每一位下屬都很了不起，是傑出的人才，你為什麼不登台講幾句呢？」

「我只能對著自己的腳講，卻不敢在大庭廣眾面前發表演說。」研究處長不好意思的說。

過了一會兒，主席使他大吃一驚。

「接下來請研究處長講話，」他說，「聽說處長不太喜歡發表正式演說，不過，今天我們還是想聽處長說幾句話。」

結果非常糟糕，他雖然很勉強的站起來開口說話，但只不過剛講了一兩句，就說很抱歉，不知道再說些什麼話了。

他站在那裡，一個自己行業裡的精明強幹的負責人，當他面向群眾說話的時候卻顯得笨拙而又迷惘，狼狽不堪。

即興發言的能力是管理者必須具備的一項基本功。它直接反映了管理者的管理水準、思維能力、組織能力及語言表達等綜合素養。它要求管理者具有一定的洞察力、應變和快速反應能力，能及時對現場情況進行歸納概括，然後用流暢的語言表達出來。高水準的即興發言，對於塑造管理者的形象，融洽管理者和上司、下屬的關係，提高管理效能等具有重要的作用。

即興講話的特點是由境而發，隨機應變，短小精悍。由於即興講話具有突然性、臨時性和不確定性，所以不少人畏之如虎。其實，即興講話作為主管工作中經常使用的一種講話形式，並非高深莫測，其中還是有一定的技巧和規律可循的。如果能很好運用即興講話的技巧，就會取得事半功倍的效果。

1. 克服緊張心理

由於事先沒有心理準備，很多被要求即席發言的管理者走到講台上時，常會感到緊張，這樣就會影響發言的效果。所以，你必須設法很大方很從容接受那「突如其來」的「任務」，這是最要緊的第一步！一旦上場發言，就應該充滿自信，臨場不亂，就要能有效的控制緊張心理，從容不迫，沉著應戰，能盡情發揮，侃侃道來。不然的話，本能夠在公眾場作言之有物的即席發言，也會因為緊張，心慌意亂，訥訥無詞，表達不好而講不了兩句話就臉紅「卡彈」了，只好敗下陣來。那麼要克服緊張心理，就要有備無患，並且隨機應變。

2. 構思要迅速

即席發言是一種在特定情境下事先沒有準備的臨場說話的口語模式，它的特點是即景而發，隨機而談，因此要求發言者要構思迅速。在構思時要確立中心，明確自己的觀點和態度。同時，要從實際出發，為發言尋找一個合適的切入點，明確了中心觀點以後，最好能舉例說明問題，以增強說服力。最後，發言一定要有精彩的開頭和結尾。開頭最好乾脆俐落，直接人題，可以借當時的場景、情況、會議主題等作為開場白，結尾則要強化發言的主要內容。

3. 緊扣主題，選好切入點

主題是即興說話的主要、最關鍵的內容，是整個表達的根本依據。說話中的每一個層次、每一個段落、每一句話語，甚至每一個詞都反映著一個意思，而這些意思，又都統帥在主題之下。主題一旦確定，便為材料的增刪取捨創造了條件。表達的主題具有鮮明性、唯一性和凝縮性等特點。因此，即興說話時要尋找素材、臨場引發，及時提煉出正確而健康、深刻而新穎、典型而突出的主題。

4. 語言要簡潔

即席發言常以簡明扼要顯出其力度，並以親切生動的表述給聽者留下深刻的印象。但是短小並不是空洞無物，而是要言之有物，言簡意賅，力求資訊密度大。優秀的即席發言常常以簡練、含蓄而抒情的語言取勝。

5. 講話要富有鼓動性

富有鼓動性是管理者即興講話的一個重要要求。要透過即興講話向聽眾傳遞資訊、表達見解，讓聽眾自覺接受講話者的觀點，引起共鳴。為此，管理者必須注意語言的生動、形象、精粹、有力，或古今中外信手拈來，或詼諧幽默妙趣橫生，或娓娓道來沁人心脾，或善用修辭增添力量，或富有哲理給人啟迪。

6. 以理服人，實事求是

這是即席講話的一個基本規則，作為管理者說話要尊重事實，保證自己選用的材料都是確鑿、準確，才能獲得聽眾信任，達到預期的效果。應當以事實為依據，特別只在提出批評意見時，才可以令對方心服口服。比如說，某位主管被要求就企業記憶體在的辦事效率不高的問題發表意見，若是他開口閉口「效率不高，辦事拖拉」幾句空洞的套話反覆講，恐怕很難令對方立刻接受，你這麼說有什麼依據呢？要是他經過深入的調查，對員工的工作時間，工作完成情況，如公司時間內的工作完成量，平均每人的工作完成量等資料有所了解，簡單的幾個數字擺在人們面前就足以說明問題了，這樣才能「對症下藥」，講到點子上，不用費太多口舌就可以達到事半功倍的效果。

「冰凍三尺，非一日之寒」。即興講話的技巧和要求是多方面的。練就臨場發揮的水準也非一日之功，管理者要在實踐中不斷鑽研和鍛鍊，這是提高領導素養和領導藝術的關鍵，很有實踐意義。

直言認錯，在錯誤中樹立正面形象

在現實生活工作中，人不可避免的要犯錯誤，管理者也如此。可是對很多管理者來說，承認錯誤卻是件非常不容易的事情。他們總是用各種方式去掩飾自己的錯誤，給自己找託辭，或者在掩蓋不住自己的錯誤、實在沒有辦法的時候才被迫承認錯誤，這些都是非常可悲、毫無意義、還會讓人看扁的行為。

任何人都可能會犯錯，是否能夠正視錯誤、改正錯誤，是衡量一個人的重要標準。只有敢於承認自己錯誤的人才能獲得別人的信賴。管理者在決策中難免會有失誤。有了失誤不可怕，只要敢於負責，及時解決失誤就是了。事實證明，只要承認錯誤，改正錯誤，管理者的威信不僅不會降低，反而會更有威信。若在失誤面前躲躲閃閃，推三推四，甚至埋怨下屬，那麼，他的威信就要掃地了。

春秋戰國時期，秦穆公是秦國的一代仁義之君。他曾經為了向東擴張勢力，派三員大將帶兵偷襲鄭國。由於鄭國離秦國較遠，當時秦國的謀士蹇叔勸秦王說：「長途奔涉，士兵們肯定在未到鄭國時就已疲憊不堪，況且，浩浩蕩蕩大軍去偷襲，鄭國又怎能沒有準備呢？」

秦穆公不聽蹇叔的意見，要堅決進攻鄭國。蹇叔於是嚎啕大哭，因為他已料到秦國必敗，而他的兒子正是三員出征大將之中的一個。

果然，鄭國大商人弦高在途中遇到秦軍，當他得知秦軍要攻打鄭國時，一面找人急速報於鄭國，一面犒勞秦軍，並對他們說：「你們三路大軍奔波這麼遠，浩浩蕩蕩，影響那麼大，鄭國早有準備了，你們恐怕不可能偷襲成功。」

秦軍三員大將覺得弦高說的言之有理，以疲憊之師去攻打以逸待勞的鄭國，肯定會損失慘重，於是，開始撤退。但是在歸途中，卻遭到晉軍的偷襲，結果秦軍全軍覆沒，三員大將也被俘虜了。

當秦國三員大將歷經千險萬阻，逃命回到秦國時，秦穆公披著縞素（孝衣），到郊外三十里迎接他們，哭著說：「委屈你們了，這一切都是我的過錯啊！我不該不聽蹇叔的話，而堅決讓你們進攻。你們哪有罪啊？」

秦穆公勇於承認自己的錯誤，正是一代仁君風範的表現。他這樣做絲毫無損於他的威信，相反，卻讓他的將士們更加信服他，更加願意為他效勞。

人無完人，每個人都會犯上大大小小的錯誤。我們對待自己錯誤的態度，決定了我們在別人眼中的形象。一個人有聞過則喜，有則改之，無則加勉的胸懷，不僅不會失去威信，相反還會使形象更加高大。所以，作為一個管理者，在自己有錯誤的情況下，要有勇氣承認錯誤並改正錯誤，而不是做縮頭烏龜！

有了錯誤，及時糾錯，能夠將錯誤所帶來的損失降低到最低限度，這才是優秀管理者必須具備的品德和修養。反之，一味的掩飾和執拗，越抹越黑，越走越錯，結果只能是失敗。作為一名企業管理者，知錯就改的自我糾錯精神在工作中相當重要。當你一旦認識到自己錯了，是堅持錯誤，將錯就錯，還是及時改弦易轍，糾正錯誤，其結果是完全不同的。堅持錯誤，肯定會失敗；而及時糾錯，可能就挽回了損失。

勇於認錯不僅是一個管理者應有的素養，也是一種難得的品德。許多卓越的管理者都堅持認為，上司承認錯誤是勇敢的表現、誠實的表現，不但能融洽人際關係、創造平和氛圍，而且能提高上司的威望、增進下屬的信任。

有一次，一位下屬因經驗欠缺而使一筆貨款難以收回。松下幸之助勃然大怒，在大會上狠狠的批評了這位下屬。氣消之後，他為自己的偏激行為深感不安。因為那筆貨款發放單上自己也簽了字，下屬只是沒把好審核關而已。既然自己也應負一定的責任，那麼，就不應該這麼嚴厲的批評下屬了。想通之後，他馬上打電話給那位下屬，誠懇的道歉。恰巧那天下屬喬遷新居，松下幸之助便登門祝賀，還親自為下屬搬家具，忙得滿頭大汗，令下屬深受感動。然而，事情並未就此結束。一年後的這一天，這位下屬又收到了松下幸之助的一張明信片，並在上面留下了一行親筆字：讓我們忘掉這可惡的一天吧，重新迎接新一天的到來。看了松下幸之助的親筆信，該下屬感動得熱淚盈眶。從此以後，他再也未犯過錯，對公司也忠心耿耿。松下幸之助向下屬真誠認錯成為整個日本企業界的一段佳話，確實難能可貴。

可見，管理者勇於承認錯誤、承擔責任，是樹立良好形象，與員工建立良好關係的捷徑。現實生活中，很多問題和矛盾恰恰就是管理者的一句得體的、正面的承認錯誤，溫暖了大家的心，得到了人們的諒解進而使問題得到化解。不但樹立了自己良好的形象，還與員工建立了親密的關係。

事實上，任何人都會犯錯，從失敗中記取教訓，才是成功的墊腳石。面對錯誤的態度，會決定你是否適合擔任管理者，也攸關整個企業文化的形塑以及競爭力的建立。

面對犯錯的最佳對策是誠懇的承認錯誤，勇敢承擔責任，並積極的尋求補救的辦法。推卸責任或避而不談，只能適得其反。如果管理者只是顧全面子，不敢承擔責任的話，那最後吃虧的只能是你自己。作為一個管理者，你必須敢於坦率的承認自己的錯誤，因為你越能承認錯誤，成功的可能性越大。如果你做到了這一點，你的下屬員工就會信任你，並時時刻刻追隨著你。

第三章

溝通藝術，管理者必知的溝通技巧

管理者良好的溝通能力是領導力的推動劑，溝通能在準確傳達意見、要求和決策的同時，增強並廣泛傳播管理者的影響力。有權威人士統計：一個管理者的成功，百分之七十以上取決於他的溝通能力及人際關係能力。所以，一個人要想成為好的管理者，一定要經常和下屬溝通，提高自己的溝通能力。

溝通力是一種關鍵能力

溝通是一門語言藝術，也是一種技巧，它是管理者個人素養中決定成功與否的重要指標之一。

美國某著名的諮詢公司曾進行過一項調查，在談到世界五百強企業家的成功的因素時，三百位較成功的企業管理人有百分之八十五的人認為，他們之所以成功是因為溝通跟人際關係的能力超人一籌，他們善於溝通，善於交流，善於協調，善於說服，善於把自己的一些理念、思維灌輸給他人，能夠讓人願意來幫助他們。那麼只有百分之十五的人只歸功於他們的專業知識跟他的運作技巧。

溝通是管理者獲取事業成功最重要的手段和策略。如果你想在工作中遊刃有餘、大展宏圖，就得善於和上司、下屬、同事進行有效的溝通，才能打通自己的成功之路。

春秋時期，孔子和他的弟子一起周遊列國，遊說講學。路上經過一個小國，因為大旱，遍地飢荒，幾乎沒有任何食物可以充飢。大家都餓得頭昏眼花，於是，顏回讓眾人休息，他親自去附近的另一個小國買回了食物，並且忍著飢餓給大家做飯。

不消片刻，米飯的香味就四散飄出，飢腸轆轆的孔子，禁不住飯香的誘惑，就緩步走向廚房，看看飯是否已經好了。不料孔子走到廚房門口時，只見顏回掀起鍋的蓋子，看了一會，便伸手抓起一團飯來，匆匆塞入口中。孔子看到顏回的舉動，心中頓生一股怒氣，想不到自己最鍾愛的弟子，竟然偷吃飯！

顏回雙手捧著一碗香噴噴的白米飯端給孔子時，孔子正端坐在大堂裡，沉著臉生悶氣。

孔子看到顏回手中的米飯說道：「因為天地的恩德，我們才能生存，這飯不應該先敬我，而要先敬天地才是。」顏回說：「不，這些飯無法敬天地，我已經吃過了。」孔子心生不快，生氣的說:「你既知道，為什麼還自行先吃？」顏回笑了笑：「我剛才掀開鍋蓋想看飯煮熟了沒有，正巧頂上大梁有老鼠竄過，落下一片不知是塵土還是老鼠屎的東西，正好掉在鍋裡，我怕壞了整鍋飯，趕忙一把抓起，又捨不得浪費那團飯粒，就順手塞進嘴裡。」

聽到此處，孔子恍然大悟。原來有時連親眼所見的事情也未必就是真實的，真實，只靠臆測就可能造成誤會。於是他欣慰的接過顏回捧給自己的飯。

從這個小故事中，我們可以看出溝通的重要性。如果顏回沒有和孔子及時溝通，那麼孔子就很有可能會錯怪顏回，並且對他失望，認為他是一個行為不端之人；而顏回自此也就不能得到孔子的厚愛。這樣的結果對誰都不公平。由此可見，人與人的交流、溝通如果不及時、不順暢，就不能將自己真實的想法告訴給對方，很有可能造成誤解。

在我們的工作當中，有許多問題也都是由於溝通不當或缺少溝通而造成的。有資料表明，企業管理者百分之七十的時間用在溝通上，主要包括開會、談判、談話、做報告等。雖然管理者投入了大量精力用於溝通，企業中百分之七十的問題仍然是由於溝通障礙引起的，無論是工作效率低，還是執行力差等問題。因此，對於管理者而言，有效的溝通顯得特別重要。管理者只有透過與員工進行有效的溝通獲得足夠的資訊，才能做出正確的決策。

美泰玩具（加拿大）公司為了提高銷售利潤，嘗試實施引入新的銷售管道這一獨特的創新，在這期間，各部門之間的溝通交流發揮了至關重要的作用。

由於玩具行業週期性強，庫存積壓的問題多年來一直讓這家公司頭疼。這些庫存只能靠大幅打折來拋售，這就壓低了整個銷售的利潤水準。

由於倉庫距離加拿大的一個大城市比較近，一些員工建議為倉庫增設一個處理品零售店。雖然有多名經理都稱讚這是個好主意，卻並沒有付諸行動。很明顯，這要歸咎於銷售部門和配送部門之間的矛盾，但是沒有人願意公開面對這些矛盾。

在銷售、配送和其他一些部門進行了一次開誠布公、實事求是的溝通討論之後，公司最終成功實施了玩具處理的創新。這些部門終於認識到他們都能從處理品零售店身上獲益。

避免打折讓銷售部保持了更好的盈利水準，不再把舊庫存倒來倒去讓配送部節省了時間，財務部也因為庫存減少而釋放了資金。

美泰玩具（加拿大）公司透過交流溝通的方法，不但解決了各部門的困難，而且還進行了銷售模式的創新，因而從美泰的海外子公司中盈利最差的一個，一躍成為盈利最好的一個。

這件事充分說明：透過溝通的方式，使得公司上下的員工都能公開交流對一些關鍵問題的看法，對於創新以及整個公司都是至關重要的。

無論是人與人之間，還是人與群體之間要想達到感情的傳遞和回饋，要想達到思想的一致和感情的通暢，都離不開溝通。而作為管理者，你的目標、你的計畫能不能如期的執行，主要取決於你是否能與員工進行有效的溝通。

溝通是管理者主要的工作方式，溝通能力是管理者的基本素養。日常工作中，管理者與下屬之間存在地位、語言、心理、認知、環境和文化水準等方面的差距，這些都可能造成一定的溝通障礙，影響到各方各面的關係，並且使工作受到損失。因此，管理者者一定要提高溝通能力，掌握溝通藝術，做一個善於溝通的管理者。

1. 與下屬溝通時要把握好尺度

第一個尺度是空間的距離，就是與員工之間保持多遠的距離最合適，不要讓對方產生空間被侵入的感覺。較近的距離可能會有利於雙方產生好感，也可能會導致雙方的不自在。第二個尺度是時機的掌握，要掌握適當的時機進行溝通，不要選在對方忙碌或心煩的時候溝通，如果時機不對，溝通的效果也會不好。第三個尺度是手勢以及身體語言，在溝通的時候要會微笑，發自內心的微笑是成功溝通的法寶。表情和身體語言所產生的溝通效果比只用語言進行溝通所達到的效果要好得多。

2. 對不同的人使用不同的語言

在同一個組織中，不同的員工往往有不同的年齡、教育和文化背景，這就可能使他們對相同的話產生不同理解。在傳達重要資訊的時候，為了消除語言障礙帶來的負面影響，可以先把資訊告訴不熟悉相關內容的人。比如：在正式分配任務之前，讓有可能產生誤解的員工閱讀書面講稿，對他們不明白的地方先作出解答。

3. 積極傾聽員工的發言

管理者積極的傾聽，給下屬以表現自我、成就自我的機會，可使下屬產生一定的歸屬感，配合意識和參與溝通和積極性便會明顯增強。同時，在溝透過程中，下屬在意的不是管理者聽到了多少，而是聽進去多少，因此，管理者不僅要樂於傾聽，還要善於傾聽，要讓下屬知道你真的在意他說的話，否則，溝通效果甚微。

4. 學會將心比心

要準確的理解他人，採取換位思考的方式極為重要。只有站在對方的位置和立場上來思考問題，才能夠更準確的理解對方的想法和心理狀態，才能真正找到溝通的結合點，增強溝通的針對性。

管理者若只強調自己的感受而不體諒下屬的想法，就很難走入下屬的內心世界，很難被下屬接納。另外，在溝透過程中，要善於發現雙方的共同點，以這些共同點作為談話的切入點，並把握時機的加以強化，一旦達成了共識，雙方便容易產生親近感，溝通就容易達到一個新境界。

5. 不要將不良情緒帶到溝通中

在接受資訊的時候，接收者的情緒會影響到他們對資訊的理解。情緒能使我們無法進行客觀的理性的思維活動，而代之以情緒化的判斷。管理者在溝通時一定要注意情緒的控制，不要將自己的不良情緒帶到溝通中，要盡可能的在平靜的情緒狀態下與下屬進行溝通，這樣才能保證良好的溝通效果。如果情緒出現失控，則應當暫停進一步溝通，直至回復平靜。

讓沉默寡言的人打開話匣子

每個企業中都會有這樣一類員工，他們悄無聲息的來，悄無聲息的走，一天到晚默不作聲，只做自己應該做的事，就連開會的時候，也不會主動發言，即使主管問他們有什麼看法，他們也會笑而不語，或者用「我沒有什麼意見」「您的看法我完全贊成」等話來搪塞，這類員工就是「沉默寡言型」員工。

「沉默寡言型」員工心理一般都讓人捉摸不透，他們通常不會表現出對工作的不滿，就算自己的認識與老闆有偏差，也不會主動向老闆提出，對工作中的不公正待遇他們也會表現出很強的忍耐力，不管別人說什麼都保持著沉默，使人難以從他們的言語和表情中捕捉到不愉快的心理變化。他們這樣做的原因可能是缺乏自信，覺得自己不如別人，羞於與別人交談；看到別人在某方面比自己強時，會心生嫉妒，但不會表現出來，只是暗自發誓要趕超他們，當達不到結果時，他們會變得更加自卑。這樣的做的原因還可能是為了避免是非。沉默不語在初入職場時是有利的，但是時間長了容易產生心理問題。

小王是某大型企業的程式設計員，曾經有個老同事告訴他，要想在公司長期做下去並得到晉升，只要按照上級的要求把自己的工作做好就行了，其他的事情盡量少管，所以他剛來公司上班的時候就和一個「悶葫蘆」一樣，遇到什麼事情都不喜歡說話。但由於缺乏與同事之間的溝通，漸漸的與同事產生了距離，無論是吃飯，還是生日聚會，很少受到同事邀請。上級在分配專案時也不太了解小王的勝任能力，就直接把專案分給了他們比較了解的其他人員。這樣雖然小王的工作很輕鬆，有時一天也工作不了三四個小時，但是他心裡感到很空虛，看到周圍的同事都緊張忙碌的樣子他渾身直冒冷汗。眼看著工作快一年了，和自己同時進公司的同事不是加薪，就是被評為工作指標，晉升快的被提拔做了副主管，而自己無論是職位待遇還是技術水準還在原地踏步，就感到非常緊張。

對於這類員工，不能因為溝通上的困難而對其進行排斥或順著他的性子，不予理睬，而要積極的與之溝通，要知道時間長了，他們不在沉默中爆發—對工作不滿，對企業產生潛在威脅，就在沉默中消亡—產生一系列的心理問題，阻礙其事業的發展。

在與這類員工溝通時首先要尊重他們的性格特點，給予適當的耐心和熱情，不要上來就說這樣性格多麼不好，這極易刺傷他們的自尊心，引起他們的反感和不滿，再想打開他們的嘴巴，比撬開蚌殼還難。

其次，要把握好時機。讓一向保持沉默的員工自然的進行交談，把握好時機是相當重要的，例如：彙報工作進展的時候，或者進行工作總結發言時都是不錯的溝通機會。

再次，要善於尋找談話的由頭。把握好機會後，還耐心的尋找談話的由頭。可以從他們的興趣愛好談起，如踢球、炒股、逛公園、上網等能較敏銳的觸動他心靈的「熱點」開始說起，逐步調動他們談話的積極性；也可以從煩惱說起，「沉默寡言型」員工都具有封閉心理，他們內心的苦惱無人知曉，當你關注他們的苦惱時，他們會對你心存感激之情，願意向你吐露他的心聲。

還有，要注意談話的方式。如果員工開始放不開，說不出內心感受，管理者可以主動談起自己的煩惱，當員工產生心理共鳴時，他們會自然而然說出自己的想法。

還有一點，不要忘了鍛鍊其表達技巧。管理者應該有意識的讓他們廣泛參與豐富多彩的團體活動，讓他們更細微、更深入的發表個人見解，當他們有著良好的表現時，要及時給予讚許和鼓勵，這樣他們會逐漸對人際溝通產生興趣。

最後，可以對他們委以重任。當他們被委以重任時，他們會感受到來自主管的信任和重視。為了不辜負主管的期望，把事情辦好，他們會盡力主動與人溝通。

總之，管理者要透過多種溝通方式深入了解「沉默寡言型」員工的內心感受，為他們開闢心理訴求的管道，幫助他們緩解內心的壓力和不快。

管理者要學會有效傾聽

最成功的管理者通常也是最佳的傾聽者。管理者能否做到有效而準確的傾聽資訊，將直接影響到與下屬的深入溝通以及其決策水準和管理成效，並由此影響公司的經營業績。

有一位主管，他是一家大公司的業務主管，但他對該行業的特性一竅不通。當業務員需要他的忠告時，他無法告訴他們什麼，因為他什麼都不懂！但他卻了解如何傾聽，所以不論別人問他什麼，他總是回答：「你認為你該怎麼做？」於是業務員會提出方法，他點頭同意，最後業務員總是滿意的離去，心裡還想著這位主管真是了不起。

傾聽本身就是一種鼓勵方式。很多時候，下屬並不是埋怨工作辛苦，而是抱怨自己的意見、建議得不到應有的尊重。下屬心情愉快莫過於管理者能在工作中經常傾聽他們的談話、尊重他們的意見。傾聽可以提高下屬的自信心和自尊心，加深彼此的感情，還可以消除誤解。

在企業中，人與人之間的很多誤會都是因為沒有機會申訴或彼此沒有認真聽而造成的。如果管理者在工作中經常聽取下屬的談話，可以獲得更多的資訊，知道自己的不足，更好的了解下屬，從而減少不必要的矛盾、誤解和摩擦，增加人際交往的成功因素。

傾聽是一種技巧，這種技巧的第一準則，就是給予對方全然的注意。作為有效率的傾聽者，管理者透過對員工所說的內容表示感興趣，不斷的創建出一種積極、雙贏的過程。這種感情注入的傾聽方式可以使員工獲得安全感，也鼓勵員工更加誠實，反過來促進他們更加自信的表達。

傾聽能讓員工有一種被尊重和被欣賞的感覺，作為管理者，如果能夠耐心的傾聽員工的想法，那麼員工會非常高興，因為人們往往對自己的事情更感興趣，能夠有機會在管理面前闡述自己感興趣的或者是專長的事情，對員工來講是一種榮耀。

有一個管理者研討班，曾經舉辦「如何說服部下」的訓練。首先由一位年輕人扮演想辭職的職員，每位受訓者有十分鐘的時間，輪流來說服這位年輕人不要辭職。

第一個上場的是甲，剛開始的兩三分鐘，甲以聊天的方式和年輕人交談，後來就變成了說教。

「畢竟，公司是一個需要有工作熱情的地方，很意外的，你沒有這樣的體會。」

後來延長了十分鐘，結果還是主持人叫停，才換乙上台。

乙用溫和的方式，以「要不要抽根菸」等等開始，就和年輕人談了起來，然後越講越起勁。

「我年輕的時候不是那樣」「我不這麼認為如果是我，我寧願這樣做」等等。

乙一直「我……」「我……」的說個不停，十分鐘就這麼過了，後半段的時間裡，年輕人幾乎都是沉默的。

下一位是丙。只要年輕人講一句，丙就可以搬出三倍長的大道理來辯駁。

「回顧一下至今的歷史……」「公司的規定是……」「工會的看法是……」「政府機關的方針……如果根據報社的統計……」丙確實是很博學，但是他一味的傳授知識，根本無法改變年輕人辭職的意願。

丁就抓住了談話的技巧，懂得聽別人說話。

「原來你認為……」「哦，總而言之，你是想說……吧。」這樣輪完一圈後，由這位示範的年輕人發表他的感想。「甲的話從我的右耳進去，左耳出來，我幾乎不記得他說了什麼，只覺得他是個嘮嘮叨叨的部長。乙是一位蠻有男子氣概的有為者，但同時也是一個不太容易相處的人。丙的說辭可供參考，卻無法讓人滿意。對丁，我就甘拜下風了，他讓我說出心裡話，我的想法也因此而動搖了。」

傾聽有助於真正的了解員工，而且透過這種了解，管理者可以解決衝突、矛盾，處理相對的抱怨。傾聽不是「聽見」，與「聽見」不同，它反映了管理者對下屬的態度。如果某個管理者認為自己聽見了，就是在傾聽，這是錯誤的，因為傾聽不僅僅用得是耳朵，更要去用心。每個管理者都希望自己的講話能夠被下屬認真的傾聽，同樣，每位下屬也希望自己的聲音能夠被自己的上級傾聽。

不會傾聽的管理者是無法與下屬進行有效的溝通。而擅長傾聽的管理者，會把傾聽作為打開話題的鑰匙，能在傾聽中捕捉到許多有用資訊，聯想到許多新的交談話題，從而順利把交談延續和深入下去。另外，透過傾聽還可以向他人學習知識和方法，了能更準確、更真實的資訊。

在聯邦快遞剛剛創立時期，聯邦快遞的網路中心出現了問題，不得不裁減人員，以作調整。當然，人員流動率向百分之五十奔去。這不是一個正常的人員流動率，因為招募和培訓新職員要花一大筆費用。

面對這種問題，人事副總裁哈里．凱納找到了創始人之一的法蘭西斯．邁奎爾，問道：「法蘭西斯，你需要我做些什麼？」

看著面帶微笑的哈里，法蘭西斯也笑了，回答道：「哈里，我不知道，但你能告訴我你的想法嗎？」

談了一會兒，哈里對法蘭西斯說：「請給我一點考慮的時間好嗎？」

一週一週後，哈里找到法蘭西斯說：「我找到答案了，法蘭西斯，但是，你得承諾能夠給我提供我需要的東西。」法蘭西斯．邁奎爾便安排了一次由當時的董事長兼 CEO 弗雷德．史密斯、首席財務官比特．威爾莫茲以及自己參加的會議，會議由哈里主持。

哈里向大家解釋道：他在集團內部做了調查，與許多員工談話，並觀察了他們做事的方法。由於網路中心工作的時間很短，一般工作內容就是接收、發送和裝運。因此，中心的員工全是兼職的。這些員工一天只工作四小時，全在夜晚。

哈里提醒董事會的成員們：「這不是一份全職工作，所以他們不享受福利待遇，這讓這些還是大學在校生的兼職員工看起來就像被收養的孩子，不像這個公司的人。他們的感覺就是，他們隨時會被解雇。而且，該考試時，他們就不會來。但是，雖然這些員工大多數是大學生，而且還是兼職，但對公司卻非常關鍵。」

「你有什麼需要解決的問題嗎？」首席財務官比特問。

「提供他們全職的醫療保險福利。」哈里提出。

「可是你想過沒有，在我們的醫療方案裡增加這些員工，會給公司帶來很多昂貴費用的。不能這樣做，哈里，否則公司的負擔會加重很多很多。我們不能給兼職者醫療福利，因為我們一直就是這麼做的。」

哈里問道：「比特，你知道在網路中心工作的人，他們的年齡有多大嗎？」

「這與我們的問題有關？」比特不解的問。

「當然，在網路中心裡，負責郵件寄送的員工們的年齡都在十八～二十三歲之間。比特，在你這麼大時，你的身體會出現大毛病嗎？」

經過短時間的沉靜，會場響起了董事長的聲音，他微笑著說：「比特，哈里說得有道理，網路中心那批兼職的年輕人就算享受到我們的醫療福利，在相當長的時間裡也不會給公司造成費用上的壓力，因為他們很少生病。」

最後，會議取得了共識。很快，決議便得到了落實，聯邦快遞公司那些兼職者也與全職者一樣，享受到了醫療福利。此舉使得人員流動率由接近百分之五十下降到了不到百分之七，投訴率也降到了最低。公司的士氣空前高漲，帶來的就是業務量的快速攀升。

有效的傾聽使聯邦快遞公司的管理者得到了解決問題的方法。傾聽並不僅僅是被動的聽取員工所說的話，還要積極主動的傾聽員工所講的事情，及時捕捉全面、準確的資訊，掌握員工當前和未來的各種需要。只有掌握了真正的事實，才能解決問題，不斷促進員工工作能力的提高，努力實現員工滿意的目標。

傾聽是管理者開展主管工作的基本功，也是管理者必須加以開發的基本技能。有效的傾聽是可以透過學習而獲得的技巧。

1. 表現出專心的聆聽態度

管理者需要透過非語言行為，如眼睛接觸、某個放鬆的姿勢、某種友好的臉部表情和宜人的語調，建立一種積極的氛圍。如果你表現的留意、專心和放鬆，對方會感到重用和更安全。

2. 站在對方的立場去傾聽

下屬在談述自己的想法時，可能會有一些看法與公司的利益或管理者的觀點相違背。這時不要急於與下屬爭論，而應該認真的分析他的這些看法是如何得來的，是不是其他下屬也有類似的看法？為了更好的了解這些情況，管理者不妨設身處地的站在下屬的角度，為下屬著想，這樣做可能會發現一些自己以前沒有注意到的問題。

3. 避免與對方距離過遠

如果與對方保持的距離過大，或者昂頭俯視，就會讓對方有被疏遠或壓迫感，對方也難以敞開心扉與你訴說。靠近對方、身體前傾，是鼓舞人的好方式，表明你正在對他的話洗耳恭聽。

4. 聽完對方講話後再發表意見

在傾聽結束之前，不要輕易發表自己的意見。由於你可能還沒有完全理解下屬的談話，這種情況下妄下結論勢必會影響下屬的情緒，甚至會對你產生抱怨。

對待不同性格的下屬，採取不同的說話方式

人的心理很微妙，每個員工都有自己的思考方式，帶著情緒的工作效率一定不會很高，所以及時溝通便成為每一位優秀管理者的重要藝術必修課。

針對各色各樣的員工性格，管理者要學會採取不同的說話方式，既要做到剛正不阿，又要善於曲徑通幽。

一般來說，員工的性格常見的有以下幾種：

1. 對待高傲型員工。對於這種清高自傲、目中無人的員工，可以冷靜的和他交談，就事論事批評，不要搬其他員工的「狀詞」來刺激他，以免產生激烈的爭執，讓交談無果而終。當然，這種員工「悔改」的進度會很慢，先禮後兵的做法是值得讚賞的。

2. 脾氣易怒、喜歡沒事找事的員工。這類員工一感到自己受到不公平的待遇，就會叫囂著找主管談，以求主管給自己一個公道的說法，造成辦公室火藥味濃重、人際關係緊張，影響到人們的工作情緒。

對這類員工你試圖壓住他們的火氣是徒勞的，對他們唐突的下「你總是和同事爭吵」這樣的評論，更容易引起他們的排斥感。正確的做法是，首先要一言不發，讓他們把要說的話說完，等其發洩完了，冷靜下來之後，再跟

他講事情處理的方法，使其糾正動輒發脾氣的毛病。他們認清了其中的道理，以後再遇到類似的事件時才會有意識的控制自己的情緒。

3. 對待喜歡嘮叨的員工。有些員工，無論大事小事都喜歡向主管請示、彙報，嘮嘮叨叨，說話抓不住主題。這種員工往往心態不穩定，遇事慌成一團，大事小事統統請示，意見特別多。

跟這樣的員工交往，交代工作任務時要說得一清二楚，然後就叫他自己去處理，給他相對的權力，同時也給他施加一定的壓力，試著改變他的依賴心理。在他嘮叨時，不要輕易表態，這樣會讓他感覺到他的嘮叨既得不到支持也得不到反對，久而久之，他也就不會再嘮叨了。

4. 趨炎附勢的員工。這類員工不管管理者說得對與否都喜歡隨聲附和，稱讚主管的英明決策，而且他們還具有相當技巧，拍起馬屁不動聲色。雖然每位主管都喜歡聽順耳的話，但是也不能讓他們任意賣弄奉承的本領。對於出於真心而稍稍讚美幾句的人，不妨一笑置之，抑或謙虛一下；而對於那些別有用心的阿諛奉承之人，可以先讓他們發表對某件事的看法，最後再指出哪些可取哪些不可取，防堵他們趨炎附勢的機會。

5. 對待自尊心強、敏感度高的員工。這類員工多是剛剛步入社會的年輕人，他們行為比較拘謹，喜歡埋頭工作，一旦出錯時就感到忐忑不安，不知如何是好;當他們聽見有人提到自己的名字時會猜測是不是有人對自己不滿，主管說幾句批評人的話，他們也會跟自己聯繫到一起，產生不安情緒，倘若被主管直接點名批評，他們的自尊心就會受到很大的傷害，在同事面前抬不起頭來，工作積極性嚴重受挫。有時候哪怕是管理者的一句玩笑，都會讓他覺得主管對他不滿意，因而導致焦慮、憂心忡忡、情緒低落。

在與這類員工溝通時，說話不能太隨意，埋怨他們心胸狹窄，而要多給他們積極的心理暗示，對他的才幹表示欣賞，逐漸弱化他們的防禦心理，增強他們的安全感和自信心；當他們犯錯誤時，可以使用較為委婉的措辭。同時也要注意不要當他的面提到其他員工的缺點，這樣他會懷疑是在背後挑他的毛病。

6. 對待喜歡阿諛奉承的員工。對待這種下屬，在與他們溝通時，無須太嚴肅的拒絕他們的奉承，也不要任由他們隨意誇張。當他們向你賣弄奉承的本領時，你可以淡淡回應：「好了。」倘若他們再三附和你的計畫時，你可以說:「你最好考慮一下新的計畫和建議，下次開會每個人都要談自己的意見。」如此一來，他們便不敢、也不好意思再做「應聲蟲」了。

7. 對待「死板」的員工。這類員工往往我行我素，對人冷若冰霜，儘管你對他熱情有加，但他們總是愛理不理。

與這類員工溝通時，不可以「其人之道還治其人之身」，採取一種相對的冷淡態度。相反，需要花費更大的耐心揣摩他們的心理，尋找他們所熱心的話題，才能拉近與他們的心理距離。

8. 對待急於求成、急功近利的員工。這類員工為了個人利益很少顧及他人的感受，容易造成人際關係緊張。與這類員工溝通時切忌批評他們的想法不切實際，這樣他們可能會認為是在故意刁難他，是在破壞他的積極性。而應該首先肯定他們的工作熱情，然後再向他具體講述欲速不達的道理。

9. 對待性格耿直的員工。這類員工容易給管理者帶來不必要的麻煩，也容易四處碰壁。與這類員工溝通時，不應對他們的直言不諱耿耿於懷，可以對他們工作中的不足直接提出批評，才不會引起他們心理敏感。

10. 對待自以為懷才不遇的員工。這類員工常常認為英雄無用武之地，而鬱鬱寡歡。在與這類員工溝通時，千萬不要跟他們唱對台戲，冷嘲熱諷的說：「你以為自己是誰啊？不要總以為自己了不起。」這些語言更會讓他們感到不被重用而心生怨恨。正確的溝通方法是表達對他們的積極期待：「這個專案可全靠你了。」「憑你的能力，相信你會有更加出色的表現。」當他們感到自己被重視的時候，他們的才幹和工作積極性就會很容易被激發。

11. 對待以自我為中心的員工。有的員工總是不顧全大局，經常會提出一些不合理的要求。有這樣的員工，你就要盡量的把事情辦得公平，把每個計畫中每個人的責任與利益都交代清楚，讓他知道他該做什麼、做了這些能得到什麼，就不會再提出其他要求。同時要滿足其需求中的合理成分，讓他知道，他應該得到的都已經給了他；而對他的不合理要求，要講清不能滿足的原因，同時暗示他不要貪小利而失大義。

每個員工都有自己的性格特點，一個優秀的管理者在與員工溝通時要盡可能的摸清他們的性格特點及心理狀態，進行因人而異的溝通，才能消除彼此的隔閡與糾紛。

管理者要樹立主動溝通的意識

在企業中，管理者的決定作用比一般職工要大得多，企業管理者的溝通意識，直接關係到企業內部溝通的有效開展。因為管理者要做出決策就必須從下屬那裡得到相關的資訊，而資訊只能透過與下屬之間的溝通才能獲得；同時，決策要得到實施，又要與員工進行溝通。再好的想法，再有創見的建議，再完善的計畫，離開了與員工的溝通都是無法實現的空中樓閣。

然而在實際工作中，許多管理者喜歡高高在上，缺乏主動與下屬溝通的意識，凡事喜歡下命令，挑毛病，而忽視溝通。長此以往，由於得不到應有的鼓勵與肯定，員工就會日漸喪失工作的動力與開拓進取的銳氣。要想改善這一局面，管理者就要樹立主動的溝通意識。

溝通的目的在於傳遞資訊。如果資訊沒有被傳遞到所在公司的每一位員工，或者員工沒有正確的理解管理者的意圖，溝通就出現了障礙。所以，優秀的管理者必須具有主動溝通的意識，透過有效的溝通統一思想、統一目標、化解矛盾、消除誤解，透過溝通的形式解決存在的問題，或透過溝通消除隱患。

主動與員工進行有效溝通，就是要求管理者主動創造與員工交流的機會，而不只是被動的等待。一起吃飯是一個好主意，尤其在傳統文化中，飯桌上的交流可能是最推心置腹的。當然，即使是一起吃飯，形式也可以多樣，和團隊，還是和個人；工作餐，還是正式的晚餐；在公司內，還是在公司外，都可以根據情況的不同進行選擇。有的公司每隔一段時間就舉行一次全體人員的早餐聚會，在公司中以自助的形式舉行，幾個人圍在一起，沒有級別的束縛，顯得其樂融融。相比較來講，工作午餐是簡便的，晚餐則要正式一些。聯想的領軍人物楊元慶的工作午餐就很有特色，與員工共進，拉近了彼此的距離。除了吃飯以外，還有許多其他的活動，根據公司的不同情況，交流機會也不同，但只要你肯尋找，總能找出適合你們公司的方式。

著名資深主管唐駿曾是微軟公司的總裁，他在日常工作中是透過以下三種方式主動和員工保持順暢交流的：

第一，建立一對一制度。唐駿每月都要和一名員工面對面交談，而且要求一線經理也必須每週安排一個小時，另外，每三個月再安排兩個小時進行一對一交流，隨時了解員工工作和生活上存在的問題。

第二，鼓勵員工隨時找 CEO。唐駿說：「只要在辦公室，我的房門就是開著的。」但這個隨時上訴也是有條件的，就是你反映的問題已找過了所在部門的直屬經理，該直屬經理不能或沒有給予解決。

第三，把與員工的交流形成一種制度。微軟（中國區）每週都有一場圓桌會議，員工自己報名參加，每週討論的議題都不同。「我的時間畢竟是有限的，很難和微軟的每個員工進行單獨對話，圓桌會議解決了這個問題。」

憑藉著與員工的主動溝通，唐駿領導下的微軟（中國區），在銷售方面，成為了微軟全球唯一一個連續六個月（二〇〇二年七月到二〇〇三年一月）創造歷史最高銷售記錄的公司。

對企業的管理者來說，與員工進行主動溝通是至關重要的。所以，一個企業或部門的主管應有主動的溝通態度，給予下屬由衷表達意見的機會，以促使上下意見一致，從而培養上下的整體利益觀念。那麼，管理者如何才能與員工進行主動的溝通呢？

1. 讓員工對溝通行為及時做出回饋

溝通的最大障礙在於員工誤解或者對管理者的意圖理解得不準確。為了減少這種問題的發生，管理者可以讓員工對你的意圖作出回饋。比如：當你向員工布置了一項任務之後，你可以接著向員工詢問：你明白了我的意思了嗎？同時要求員工把任務複述一遍。如果複述的內容與管理者的意圖相一致，說明溝通是有效的；如果員工對管理者的意圖的領會出現了差錯，可以及時進行糾正。或者，你可以觀察他們的眼睛和其他體態舉動，了解他們是否正在接收你的資訊。

2. 善於激發員工講實話的願望

談話是管理者和員工的雙邊活動，所要交流的也是反映真實情況的資訊。員工若無溝通的願望，談話難免要陷入僵局。因此，管理者首先應具有細膩的情感、分寸感，注意說話的態度、方式以至語音、語調，旨在激發員工講話的願望，使談話在感情交流的過程中完成資訊交流的任務。同時，管理者一定要克服專制、蠻橫的封建家長式作風，代之以坦率、誠懇、求實的態度，並且盡可能讓員工在談話過程中了解到：自己所感興趣的是真實情況，並不是奉承、文飾的話，消除對方的顧慮或各種迎合心理。

3. 減少溝通的層級

人與人之間最常用的溝通方法是交談。交談的優點是快速傳遞和快速回饋。在這種方式下，資訊可以在最短的時間內被傳遞，並得到對方回覆。但是，當資訊經過多人傳送時，口頭溝通的缺點就顯示出來了。在此過程中捲入的人越多，資訊失真的可能性就越大。每個人都以自己的方式理解資訊，當資訊到達終點時，其內容常常與開始的時候大相徑庭。因此，管理者在與員工進行溝通的時候應當盡量減少溝通的層級。越是高層的管理者越要注意與員工直接溝通。

4. 積極傾聽員工的發言

溝通是雙向的行為。要使溝通有效，雙方都應當積極投入交流。當員工發表自己的見解時，管理者也應當認真的傾聽。當別人說話時，我們在聽，但是很多時候都是被動的聽，而沒有主動的對資訊進行搜尋和理解。積極的傾聽要求管理者把自己置於員工的角色上，以便於正確理解他們的意圖而不是你想理解的意思。同時，傾聽的時候應當客觀的聽取員工的發言而不作出判斷。當管理者聽到與自己的不同的觀點時，不要急於表達自己的意見。因為這樣會使你漏掉餘下的資訊。積極的傾聽應當是接受他人所言，而把自己的意見推遲到說話人說完之後。

與員工私下談話，增進彼此之間的了解

企業管理者的職能在於，組織協調企業內的所有員工為共同的目標去前進。正因為這樣，與企業內的員工進行個別的私下談話，就成為管理者進行溝通的一個重要方法，也是一門重要的領導藝術。

與員工私下談話，目的只有一個，就是讓員工感受到主管對他的重視，讓他更好的為企業工作。和員工私下談話，尤其是和優秀員工進行私下談話，是管理者與員工攏絡感情的重要方式之一。

在一家世界五百強企業裡，每位上級主管要求一個月與直接下屬私下談話一個小時，並做好談話記錄。談話內容，包括對自己近期工作的評價，對其他同事的評價，對公司管理的看法，對自己進一步發展的想法等等。起初，員工覺得無話可說，覺得多說無益，覺得說了也白說，但後來大家發現，談話中的不少意見和建議，能很快得到落實，每年有百分之二十的人員調整工作職位，都直接起因於這種談話。因此，大家便十分重視談話。這種與員工的私下談話進而成為這家企業的成功之道與文化特色。

由此可見，員工之間或員工與主管之間的許多具體問題，都適宜透過私

下談話來加以解決。運用好私下談話，不僅可以了解情況、溝通思想、交換意見、提高認識、解決問題，還可以暢通言路、集思廣益、凝聚人心、增進友誼。

企業主管如果真正關心員工心理感受，就要透過私下談話的方式，讓員工敢於把自己的意見說出來，了解他們的內心想法，化解內心矛盾。

日本索尼董事長盛田昭夫多年來保持著與員工一起吃飯、聊天的習慣。有一天晚上，他在職工餐廳與中下級主管共進晚餐時，忽然發現一位年輕員工一副無精打采、心神不寧的樣子，於是，盛田昭夫就主動坐在這名員工對面，問他有什麼心事，為什麼悶悶不樂？在盛田昭夫的鼓勵下，這位員工幾杯酒下肚之後，終於說出了心裡話：「我畢業於東京大學，上學時就聽說過索尼公司，對它可以說是心神馳往。在來索尼之前，我有著一份待遇非常優厚的工作，後來自己毅然辭掉那份工作，來到了索尼，我原以為這是我一生做出的最佳選擇。但是，現在我才對索尼感到很失望。在這裡我無法為索尼而工作，只能是為我平庸的管理者服老役，做什麼事情都必須經過他允許，我想搞一些發明創造，管理者不僅不允許，還冷嘲熱諷，真是太讓人失望了，這難道就是我朝思暮想的索尼嗎？」

盛田昭夫聽了這位年輕員工的話，感到異常吃驚，心想像這位員工一樣受到不公正待遇、有才華無處施展的員工一定不在少數。作為企業領導人一定傾聽他們的心聲，關心他們的苦惱，為他們開闢自由施展才能的空間，於是他在索尼實行了一項內部招聘制度，把各部門的用人資訊刊登在每週的公司小報上，員工可以前去應聘，管理者不得阻止。對於那些有能力、上進心強的人才，公司會主動給他們提供用武之地，使他們在中意的職位上實現人盡其才，才盡其用。

由此可見，與員工進行私下談話和溝通，了解最底層員工的想法，不僅可以化解員工不滿和隔閡，而且還有利於企業的進步。然而要使私下談話達到實實在在的成效，管理者還必須掌握一些談話的技巧。

1. 遵循平等的原則

與員工私下談話是一個雙向交流過程，不可居高臨下，盛氣淩人。不要把自己的觀點強加於人，要把員工放在與自己平等的地位，消除員工顧慮與拘束，允許員工發表自己的觀點和看法。

2. 談話要有明確的目標

與員工的私下談話一般有幾種目的：一是掌握情況，便於下一步開展工作；二是解決問題，化解矛盾，排憂解難；三是鼓勵進步，激發向上；四是布置工作，明確責任，指導方法；五是溝通感情，融洽上下關係。通常情況下，一次談話不能企圖同時解決許多問題，要適可而止，讓員工有意猶未盡的感覺，這樣的談話最能給人留下深刻的印象。

3. 放下架子，進入角色

如果是在你的辦公室，可先請員工坐下，遞上一杯茶，說上一兩句寒暄的話，這會令員工覺得你和藹、親切，有人情味，並心存感激，緊張或激動的情緒也會因此而放鬆或平靜;如果你到員工的辦公室，應尊重別人的習慣，在員工正忙的時候，可稍微等候一下。要根據精心選定的談話時間、地點及場合，自然的進入角色。切入談話的時機要恰當，否則會造成「話不投機半句多」。

4. 動之以情，曉之以理

與員工進行私下談話，要十分注意以情感人。進行私下談話，如果感情真摯深厚，就會增加信任引起共鳴。如果缺乏真實感情，就會引起員工戒備，產生反感。因此，在談話開始階段，不妨先說一些員工關心的、感興趣的事情，使談話的雙方逐漸具有共同的語言，產生感情對流，溝通思想。

雖然動之以情在私下談話中的作用是不可低估的，但情不能代替理，私下談話還應曉之以理，最終靠充分說理，以理服人。說理一定要嚴格把握原則，要把道理講透，切合實際，個別談話才能達到好的效果。所以，在私下談話中要做到情真理切，情理結合。

5. 說話要有理有據

雖然和員工私下談話，沒有第三者在場，但作為管理者，你和員工說的每一句話，都應該有理有據，都應該負責任。不能說過就忘，私下說的和會上說的相互矛盾。這樣會讓員工對你的認識生產矛盾，認為你當主管的說話不負責任，對你的話也就可聽可不聽了。以後你採取的措施，也就達不到應有的激勵或警告了。

6. 不在員工面前議論是非

與員工談話是為了了解情況，溝通思想，所以在與員工的私下談話中不要議論任何人的長短是非，尤其是與工作無關的事情。

7. 保持一致的工作作風

私下和員工相處，儼然和員工是朋友、是兄弟，而到了工作場合，又擺出一副拒人千里之外的姿態，員工無法分辨哪個才是真正的你，讓員工無所適從。公開和私下要保持一致的處事風格，一致的處事作風。

8. 不企圖套出什麼消息

在談話的時候，不要企圖套出什麼消息。有的管理者借著私人談話這個機會，想從一些員工的嘴裡套出自己想要得到的資訊，結果遭到員工的反感，導致員工在談話中表現冷淡。要抱著與朋友在閒暇聊天的態度，與員工「拉家常」，問員工工作的感受，對公司各方面的看法等，要讓員工明白自己是抱著真誠的態度來徵求意見的，不要有任何的精神負擔。

9. 忌將談話內容公開

兩個人在私下進行交談，不免會透露出一些祕密和心聲。但千萬不要把心中的想法告訴第三者，不要辜負了員工的信任。如果被外人知道，以後再傳到當事人耳中，他就會有被騙、被羞辱的感覺，進而質疑管理者的人格。

面對面的交流是永恆的溝通方式

隨著時代的發展，科技的進步，資訊技術創造了無數的通信手段一電話、簡訊、e-mail 等等，科技打破了溝通的時空限制，很多人就此習慣於生活在遠距離通信技術的隔離和保護之下，這同時也給人與人之間真誠的溝通和關係維護造成了重大危機。因為在溝通者本人不在現場的情況下，人們無從掌握對方在溝通當中的聲調、語氣轉折以及情緒等重要因素，溝通者無法立即表達出自己的信任、自信、關心以及其他有助於建立和維持人際關係的元素。

這是一個發生在二戰期間的小故事：

有一個小夥子與一個女孩熱戀了，可惜好景不常，美國正式宣戰，小夥子入伍遠赴戰場。此後，無論是戰鬥間隙還是戰壕靜守，無論是白天還是黑夜，只要一有空隙，小夥子堅持給女孩寫信，以遙寄相思之苦。

幾年後戰爭結束了，小夥子榮歸故里，女孩準備好當新娘。但新郎不是小夥子，女孩嫁給了天天給她送信的郵差。

這個故事告訴我們:任何熱烈的方式都替代不了面對面的溝通。最親切、最有效的交流方式是面對面的交流，透過面對面的交流，你可以直接感受到對方的心理變化，在第一時間正確的了解對方的真實想法，從而達到快速有效的溝通。對企業管理者來說，也是如此。

某企業研發部李科長才進公司不到一年，工作表現頗受上司讚賞。不管是專業能力或管理績效，都獲得大家肯定。在他的縝密規劃之下，研發部一些延宕已久的專案，都在積極推行當中。

但最近這些日子，部門主管王主任發現，李科長幾乎每天都加班。他經常收到李科長前一天十點多發送的電子郵件，第二天早上又會在七點時收到他發送的另一封郵件。這個部門總是下班時李科長最晚離開，上班時第一個到。但是，即使在工作量吃緊的時候，其他同仁似乎都準時走，很少跟著他留下來。平常也難得見到李科長和他的部屬或是同級主管進行互動。

王主任對李科長怎麼和其他同事、部屬溝通工作覺得好奇，開始觀察他的人際相處方式。原來，李科長都是以電子郵件交代部屬工作。他的屬下除非必要，也都是以電子郵件回覆工作進度及提出問題，很少找他當面報告或討論。對其他同事也是如此，電子郵件似乎被李科長當做和同仁們合作的最佳工具。

但是最近大家似乎開始對李科長這樣的互動方式反應不佳。王主任發覺，李科長的部屬對部門逐漸沒有向心力，除了不配合加班，還只執行交辦的工作，不太主動提出企劃或問題。而其他各處主管，也不會像李科長剛到研發部時，主動到他房間聊聊。大家見了面，只是客氣的點個頭。開會時的討論，也都是公事公辦的味道居多。

王主任趁著在樓梯間抽菸碰到另一處陳科長時，以閒聊的方式問及各小主管和李科長的互動狀況。陳科長不好多說什麼，只提到李科長工作相當認真，可能對工作以外的事就比較沒多花心思。王主任也就沒再多問。

這天，王主任剛好經過李科長房間門口，聽到他打電話，討論內容似乎和陳科長業務範圍有關。他到陳科長那裡，剛好陳科長也在說電話。王主任聽談話內容，確定是兩位科長在談話。之後，他找了陳科長，問他怎麼一回事。明明兩個主管的辦公房間就在隔鄰，為什麼不直接走過去說說就好了，竟然是用電話談。

陳科長笑答，這通電話是李科長打來的，李科長似乎比較希望用電話討論工作，而不是當面溝通。陳科長曾經試著要在李科長房間談，但是李科長不是以最短的時間結束談話，就是討論時眼睛還是一直盯著電腦螢幕，讓他不得不趕緊離開。陳科長說，幾次以後，他也寧願用電話溝通就好，免的覺得是自己過於熱情。

了解這些情形後，王主任找了李科長聊聊。李科長覺得，效率應該是最需要追求的目標。所以他希望用最節省時間的方式，達到工作要求。王主任以過來人的經驗告訴李科長，工作效率重要，但良好的溝通絕對會讓工作進行順暢許多。而親身接觸互動所花的些許時間成本，絕對能讓溝通效果大為增進。

無論資訊技術的進步有多麼神速，至少到目前為止，最重要、最豐富的資訊仍然只能透過一種手段來傳遞—面對面溝通。溝通是企業管理者傳遞思想，提升凝聚力的重要途徑。在溝通方式越來越多樣化的今天，卓越的管理者應重視與員工最重要最直接的方式：面對面溝通。

面對面溝通是溝通方式中最常用的一種，在以下情況下經常使用：你想進行雙向式的意見或資訊交流；你想看見、聽見和感受他人口頭及非口頭的回饋；你想討論私人事務或給予私人建議；你想進行面試或工作總結；你想讓溝通更加私人化。

愛德華是一家外貿出口公司的銷售主管，即將晉升為部門經理。由於賞識他的總經理調離，換了新老闆後，他的任命被耽擱了下來。

愛德華暗中了解到，原來公司裡有些人在造他和前總經理的謠，說風情萬種的前任總經理要提拔他，是因為他與前總經理關係曖昧。

這些謠言自然傳到新來的總經理耳朵裡，使得新老闆對他態度一般。愛德華感到很委屈，可這事又不好直接向新老闆挑明，唯有加強溝通才能消除誤解。

一天，愛德華利用午休時間主動和老闆交流。閒聊之中他把自己的經歷和工作情況向老闆做了彙報，並說明自己工作經驗不足、涉世不深，希望老闆多多批評指教。

這次交流以後，老闆也特意留意了一下他，發現他確實是個不錯的人才，對他的態度也有了改變。在有意無意的溝通中，老闆覺得他並不是一個隨便的人，行為舉止得體大方，並且待人真誠得體，業務能力也強，於是便簽發了對他的任命書。

可見，面對面的溝通，總是有助於增強信任，同時傳達意思更清晰。在處理微妙的人際關係或傳遞複雜資訊時，面對面溝通是最合適的方式。

面對面溝通的重要性毋庸置疑。但是，並不是每一次溝透過程都能有效的達到目的。原因固然是多方面的，但技巧的運用無疑是不容忽視的一個因素。

在面對面溝通中，以下幾個技巧是管理者需要掌握的。

1. **多聽少說**。用百分之八十的時間傾聽，用百分之二十的時間說話。
2. **溝通中不要指出對方的錯誤，即使對方是錯誤的**。切忌，你溝通的目的不是去不斷證明對方是錯的。
3. **善於運用溝通三大要素**。人與人面對面溝通的三大要素是文字、聲音以及肢體動作；行為科學家研究發現，面對面溝通時三大要素影響力的比率是文字百分之七，聲音百分之三十八，肢體語言百分之五十五。溝通是要努力和對方達到一致性以及進入別人的頻道，也就是你的聲音和肢體語言要讓對方感覺到你所講和所想的十分一致，否則對方無法達到正確訊息。

兵知將意，讓員工聽懂你的話

管理者掌握語言藝術最基礎的是要使用大眾化的語言，要讓人家聽得懂。然而在實際工作中，「兵不知將意」是許多管理者面臨的困境，究其根源是溝通的缺乏。「有溝通，才有共識，才能同步；沒有溝通，就沒有共識，也沒有共鳴」。只有讓員工聽懂你的話，並接受你的話，溝通才有真正的意義和可行性，否則，溝通將是無效的。

有一個秀才去買柴，他對賣柴的人說：「荷薪者過來！」賣柴的人聽不懂「荷薪者」（擔柴的人）三個字，但是聽得懂「過來」兩個字，於是把柴擔到秀才前面。

秀才問他：「其價如何？」賣柴的人聽不太懂這句話，但是聽得懂「價」這個字，於是就告訴秀才價錢。

秀才接著說：「外實而內虛，煙多而焰少，請損之。（你的木材外表是乾的，裡頭卻是濕的，燃燒起來，會濃煙多而火焰小，請減些價錢吧。）」賣柴的人因為聽不懂秀才的話，於是擔著柴就走了。

故事中秀才的生活環境和文化修養顯然與賣柴人有很大的差異，而秀才在於賣柴人溝通的時候，卻用了很多書面語言，這些語言完全與賣柴人的語言環境沒有交集，因此，秀才每講一句話都會讓農夫費解半天，所以最後，雙方的交易無果而終也就是順理成章了。

現實生活中，我們也會遇到這樣的事情。表達不清楚，語言不明白，對方聽不懂你說的話，就可能會產生溝通障礙。

有一個採購員被受命為辦公大樓採購大批的辦公用品，結果在實際工作中碰到了一種過去從未想到的情況。首先使他大開眼界的是一個行銷信件分報箱的行銷員。這個採購員向他介紹了他們每天可能受到的信件的大概數量，並對信箱提出一些要求，這個行銷員聽後臉上露出了大智不凡的神氣，考慮片刻，便認定這個採購員最需要他們的 CSI。

「什麼是 CSI ？」採購員問。

「怎麼？」他以凝滯的語調回答，內中還夾著幾分悲歎，「這就是你們所需要的信箱。」

「它是紙板做的、金屬做的，還是木頭做的？」採購員問。

「噢，如果你們想用金屬的，那就需要我們的 FDX 了，也可以為每一個 FDX 配上兩個 NCO。」

「我們有些列印件的信封會相當的長。」採購員說明。

「那樣的話，你們便需要用配有兩個 NCO 的 FDX 轉發普通信件，而用配有 RIP 的 PLI 轉發列印件。」

這時採購員稍稍按捺了一下心中的怒火，「小夥子，你的話讓我聽起來十分荒唐。我要買的是辦公用品，不是字母。如果你說的是希臘語、亞美尼亞語或英語，我們的翻譯或許還能聽出點門道，弄清楚你們的產品的材料、規格、使用方法、容量、顏色和價格。」

「噢，」他開口說道，「我說的都是我們的產品序號。」

最後這個採購員運用律師盤問當事人的技巧，費了九牛二虎之力才慢慢從他嘴裡搞明白他的各種信箱的規格、容量、材料、顏色和價格。

在溝通中，很多人也許因為習慣，也許因為想讓別人覺得自己有才華，而過多運用了一些專業術語。在聽的人看來，他們不知道你在說什麼，聽不懂你的意思，就很容易讓溝通陷入了僵局。所以，如果我們一定要說一些專業術語，可以用簡單的話語來進行轉換，或者在專業術語後面加上解釋，讓人聽後明明白白後，才會達到有效溝通的目的。這也是值得管理者特別注意的一點。

在一個企業裡中，不同的員工往往有不同的年齡、教育和文化背景，這就可能使他們對相同的話產生不同理解。另外，由於專業化分工不斷探化，不同的員工都有不同的「行話」和技術用語。如果管理者注意不到這種差別，以為自己說的話都能被其他人恰當的理解，就達不到有效溝通的目的。因此，管理者應該選擇員工易於理解的詞彙，使資訊更加清楚明確，使溝通更順暢。

一對父子正在建設一座乳牛牧場，兒子管乳牛，父親做木匠，將賺來的錢投入乳牛牧場建設以擴大牛群，兩人都指望有朝一日能靠這座乳牛牧場養老送終。這父子倆都承認，如果在今後十年內父親發生什麼意外，全家就不可能達成此目標，因為現在乳牛牧場尚不能靠一個人支撐下去，還需要額外提供資金。可是，當銷售人員提到，為了給父親購買足額的人壽保險，以保證他萬一發生意外後他的保險金還能繼續向牛牧場提供必需的資金，把牛群擴大到可以盈利的規模，有必要每年交一筆保險費時，全家人都表示反對，說他們沒錢，辦不到。銷售人員馬上換了一種說法來爭取他們：「為了保證萬一你們當家的遇到不幸你們能繼續達到既定的目標，你們願意把那兩頭牛的牛奶送給我嗎？只當你們沒有那兩頭牛好了。不管出什麼天大的事，牠們的牛奶都可以保證你們在將來一定能建成盈利的乳牛牧場。」結果，他做成了生意。

通俗易懂的語言最容易被大眾所接受。無論你的話多麼動聽、內容多麼重要，溝通最起碼的原則是對方能聽得懂你的話。所以，在與員工溝通的過程中，管理者要多用通俗化的語句，要讓下屬聽得懂。如果下屬聽不懂你的方言，你要盡量用國語；下屬不明白你講的術語或名詞時，要轉換成對方熟悉的、理解的語言等等。

總之，用對方聽得懂的語言進行溝通，是溝通成功的保障。作為管理者，不要簡單的認為所有人都和自己的認識、看法、高度是一致的，對待不同的人，要採取不同的模式，要用別人聽得懂的「語言」進行溝通！

第四章

贏在激勵，管理者激勵下屬的語言藝術

激勵是管理者提高員工鬥志、高效率開展工作的有效手段。在管理員工的過程中，管理者必須放下手中的「鞭子」，多使用煽情妙語去激發士氣，贏得員工的尊重和理解，在友好和合作的氣氛中，使員工愉快而又積極的去工作，從而取得與員工之間「雙贏」的完美結局，而企業也能因此走向進一步的

讚美是最好的激勵法則

讚美是管理者調動下級的積極性、激勵下級工作熱情、以實現工作目標的絕佳方法，在管理工作中具有非常重要的作用。洛克菲勒曾經說過：「要想充分發揮員工的才能，方法是讚美和鼓勵。一個成功的管理者，應當學會如何真誠的去讚美他人，誘導他們去工作。我總是深惡挑別人的錯，而從不吝惜說他人的好處。事實也證明，企業的任何一項成就，都是在被嘉獎的氣氛下取得的。」

讚美是一種鼓勵，是一種肯定，讚美可以讓平凡的生活附有樂趣，讚美可以把不協調的聲音業成美妙的音樂，讚美可以激發人們的自豪感與上進心。

韓國某大型公司的一名清潔上，本來是一個最底層的，最被人忽視和看不起的角色，但就是這樣一個人，卻在一天晚上公司保險箱被竊時，與小偷進行了殊死搏鬥。

事後，有人為他請功並問他的原因時，答案卻出乎人意料。這個清潔上說：「當公司的總經理每次從他身旁經過時，總會讚美說『你掃地掃得真乾淨』。」

就是這麼一句簡簡單單的話，卻使這個員工受到了感動，並對公司「以身相許」。

讚美是一門藝術，恰當的讚美，能夠調動員工的工作積極性，能夠使彼此的關係更加和諧。對企業管理者來說．讚美員工是一筆小投資，但是它的回報卻是非常豐厚的。管理者如果能學會讚美員工的技巧，掌握讚美別人的藝術，一定能達到意想不到的效果。

某局長很善於稱讚科員們。因為他知道，稱讚的力量往往是巨大的，稱讚可以激勵科員們不斷努力、再創佳績。

辦公室祕書小高在一次競賽中獲得了年度新聞一等獎。拿回證書以後，局長就給予了小高較高的評價：「小高，不錯！你的那篇稿子我拜讀過，文筆流暢，觀點突出。好好努力，將來很有發展的潛力。」

財務科會計小蘭在珠算競賽中獲得二等獎。局長高興的說：「這次獲獎，是你平時努力的結果。這就叫『皇天不負苦心人』。如果沒有往日的努力，是不可能會取得這麼好的成績的。」

這種稱讚使下屬意識到了自己的價值，從而也對自己充滿了信心，同時還會使下屬領會到主管對自己付出心血的肯定，便會產生「知己感」。

讚美是一種力量。一個人具有某些長處或取得了某些成就，他還需要得到別人的承認。如果你能以誠摯的敬意和真心實意的讚揚滿足一個人的自我需求，那麼任何一個人都可能會變得更愉快、更通情達理、更樂於協作。

現實工作中，當員工付出艱辛勞動時、接受工作指派時、取得成果時，他們往往更渴望得到別人的尊重與承認。這時候，給予其真誠的讚美，讓人有一種如沐春風的感覺。因為讚揚就是認可他的價值，肯定他的工作，使他擁有一種成就感、滿足感。真正成功的團隊管理者，是那些善於恰當的讚美員工，肯定員工的人。作為管理者，你應該努力去發現可以對下屬加以讚揚的事情，尋找他們的優點，形成一種讚美的習慣。

績效管理顧問艾倫曾為美國陸軍部訓練軍官，談起那次訓練，她說了以下這個故事：

在上課的軍官當中，有位上校對於激勵技巧的使用頗不以為然。在訓練課程結束之後大約一個星期，那位上校負責一份重要的簡報，由於他做得十分出色，他的上司：一位將軍想要讚美他。將軍找了一張黃色的圖畫紙，把它折成一張精美的卡片，外邊寫上「太棒了！」裡邊則寫了些鼓勵的話，然後召見他，當面稱讚他，並把那張卡片交給了他。上校把卡片拿在手中讀了一遍，讀完之後僵直的站在那裡愣了一會，然後頭也不抬的走出了辦公室。將軍有點莫名其妙，心想：「是不是我做錯了什麼？」心中不安的將軍尾隨上校出來看看，結果，讓他感到很開心的是上校到每個辦公室都去轉了一圈，向別人炫耀他那張卡片。

那位上校此後把這招運用得比將軍還好，他為自己專門設計印刷了一批用來讚美別人的卡片。

讚美之所以對人的行為能產生深刻影響，是因為它滿足了人的自尊心的需要。讚美是對個人自我行為的回饋，它能給人帶來滿意和愉快的情緒，給人以鼓勵和信心，讓人保持這種行為，繼續努力。讚美也是一種有效的激勵，可以激發和保持一個人行動的主動性和積極性。

讚美是一件好事，但絕不是一件易事。管理者讚美下屬時如不審時度勢，不掌握一定的讚美技巧，即使你是真誠的，也會變好事為壞事。所以，管理者一定要掌握以下技巧：

1. 讚美要及時。當員工做出了成績，或者做了件有益於公司的好事時，最希望被人知道，及時得到人們的讚美，這不是虛榮心的表現，而是正常的心理活動。而且心理學表明，人們的這一期待心理是有時間期限的，得到的讚美越及時，人們越容易受到鼓舞。如果拖延數週，時過境遷，遲到的表揚就會失去原有的味道，再也不會令人興奮與激動。所以，管理者要記著把你的讚美及時送達員工的心裡，哪怕是下屬有了一點小小的進步，也不要忘記及時向他們表示你的讚揚。

2. 讚揚的態度要真誠。讚美下屬必須真誠。每個人都珍視真心誠意，它是人際溝通中最重要的尺度。英國專門研究社會關係的卡斯利博士曾說過：「大多數人選擇朋友都是以對方是否出於真誠而決定的。」如果你是不可能的。所以在讚美下屬時，你必須確認你讚美的人的確有此優點，並且有充分的理由去讚美他。避免空洞、刻板的公式化的誇獎，或不帶任何感情的機械性話語，這樣會令人有言不由衷之感。

3. 讚美下屬的特性和工作結果。讚揚下屬的特性，就是要避免共性；讚揚下屬的工作結果，就是不要讚揚下屬的工作過程。

作為管理者，在讚揚一位下屬時，一定要注意讚揚這位下屬所獨自具有的那部分特性。如果管理者對某位下屬的讚揚是所有下屬都具有的能力或都能完成的事情，這種讚揚會讓被讚揚的下屬感到不自在，也會引起其他下屬的強烈反感。

與此類似，管理者要讚揚的是下屬的工作結果，而不是工作過程。當一件工作徹底完成之後，管理者可以對這件工作的完成情況進行讚揚。但是，如果一件工作還沒有完成，僅僅是你對下屬的工作態度或工作方式感到滿意，就進行讚揚，可能不會達到很好的效果。相反，這種基於工作過程的讚揚，還會增加下屬的壓力，進而還會對管理者的讚揚產生某種條件反射式的反感。果真如此，管理者的讚揚也就成了弄巧成拙。

4. 讚美要具體。表揚員工時，要針對他的工作，而不是針對人，哪件事做得好，什麼地方值得讚揚，說得具體些，才能使受誇獎者產生心理共鳴。比如「你剛才結尾的地方很有創意」。如此一來，員工便知道哪裡做得好。倘若你進一步誇讚其內在特質：「結尾做得很有創意，可見你是個很有創意的人。」就更能提升員工的心理滿意度。相反，如果你對任何人都用一樣的讚美之詞，使用空洞、刻板的公式化的誇獎，或不帶任何感情的機械性話語，那麼時間久了，你的讚美之詞就成了乏味的嘮叨。

總而言之，讚美下屬是一種不需要任何投資的激勵方式。企業管理者千萬不要吝嗇自己的語言，真誠的去讚美每個人，這是促使人們正常交往和更加努力工作的最好方法。

為員工打氣，鼓足幹勁

在企業激烈的市場競爭中，一個士氣低落的團隊是無法取得成功的。著名管理顧問尼爾森提出，未來企業經營的重要趨勢之一，是企業經營管理者不再像過去那樣扮演權威角色，而是要設法以更有效的方法，激發員工士氣，間接引爆員工潛力，創造企業最高效益。

美國哈佛大學組織行為學專家詹姆斯教授對兩千多名工人進行測試，結果發現：在無激勵的情況下，每個工人的能力通常只發揮百分之二十～百分之三十；如果受到充分的激勵（如管理者寄予希望、員工之間競爭、按勞計酬），他們的能力可發揮百分之八十～百分之九十。詹姆斯教授以一句精彩的話總結了這個實驗結果：「士氣等於三倍的生產率。」此話已經成為工商界的名言。

一個企業或組織也像一個人一樣，「氣實則鬥，氣奪則走」。而且這種精神面貌在員工之間相互影響，形成一種相對穩定的精神慣性。尤其在創業之初，促使員工形成向上、進取、拚搏、樂觀的面貌是非常重要的。優秀的企業管理者的最大財富就是善於激勵人，善於為別人鼓氣。這也是一個管理者的必備素養。

某服裝廠接受了一批外商訂貨，貨量大，時間緊，如按正常生產率是無論如何也不能在交貨期日完成，而工廠如果不能按期交貨，則不得不向外商賠償一筆巨額違約金，並嚴重影響到信譽。但老闆為此召開了全廠職工大會，發表了熱情洋溢的講話：

「同事們，今天，有一件十分重要的事要和大家商量一下，這件事，事關我們玩具廠的生死。大家知道，最近兩年來市場競爭激烈，我們玩具廠的利潤不斷下降，已經嚴重影響了大家的利益。作為廠長，我沒有能力讓大家多得薪資，很對不起大家。但是，現在機會來了，這裡有近十萬美元的外商訂貨任務，我知道在短短一個月的時間內完成它有困難，但是，工友們，我們搶到這個合同不容易呀，不做，我們就沒飯吃。」老闆停頓了一下，目視下屬，突然間喊了一聲：「工友們，我們做不做？」

「做！」會場上響起一片喊聲，「加班，拼死拼活也要完成它。」

「好，工友們，有這句話我就放心了，現在散會，請大家回去，準備接受任務，我保證工作完成之後，每個人都將得到一個厚厚的紅包。」

由於老闆鼓動起了下屬的熱情，大家齊心協力，努力生產，加班，果真在交貨日前三天完成了全部生產任務。

這位老闆很會鼓動人心，把工人的熱情調動起來，使工人們感到，這批任務完成與否，事關工人的切身利益，「不做就沒飯吃」；最後，老闆又把工作同每個人的物質利益直接掛鉤，直接提出工作完成之後給予每個人一份獎金。真可謂精明老到，滴水不露。

管理者的鼓勵和認同可以激發員工的熱情，挖掘出員工的潛能。在企業中，當管理者為員工搖旗吶喊時，員工會被這種認可和讚賞所感動，自然而然產生積極進取的精神，從而將自己的聰明才智充分發揮出來，為企業多做貢獻。

英雄虎膽的巴頓將軍，被譽為美軍的驕傲，但他的成長道路卻充滿了艱辛與坎坷。

巴頓在幼年時，就患了「閱讀失常症」，因此學習非常吃力，不得不付出比別的孩子幾倍的努力。即便如此，他的成績也非常糟糕。他不僅要克服在閱讀和拼寫上的生理缺陷，而且還要忍受同學們的羞辱和嘲笑。有些同學在課堂上模仿他發音不準的朗讀，有些同學則在黑板上模仿他不規則的拼寫，這讓巴頓感到非常憤怒。

但老師卻非常喜歡這個有韌性的孩子。每當巴頓能夠清楚的讀出一個單字或正確的寫出一句話，老師都要在課堂上表揚他、鼓勵他。老師的支持使巴頓更加勤奮的學習。

終於，學習刻苦的巴頓考入了他夢想中的西點軍校。但由於他有「閱讀失常症」，雖然付出了很大的努力，成績卻並不理想。最終，他用了五年時間學完了四年的課程，並以優異的成績從西點軍校畢業。

一九一五年，美國與墨西哥發生了戰爭。在這場戰爭中，美軍的指揮官是潘興將軍。正是由於他，才使巴頓在這場戰爭中得到了崛起的機會。

那時的巴頓只是一名上尉，由於他脾氣火爆，所以得罪了不少人。但是，潘興將軍總是不斷鼓勵他，即使是一些小小的成績，潘興也會興高采烈的說：「巴頓，好樣的，小夥子。」這讓巴頓備受感動，他決定要利用這次難得的機會來回報潘興將軍。

一次，巴頓奉命向部隊駐地附近的農民收購玉米送往司令部。他只帶了十五名士兵，分搭乘三輛卡車前去執行任務。不料，途中他們卻遭遇了五十多名匪徒的圍攻。巴頓臨危不懼，沉著指揮，將匪首擊斃後，指揮美軍士兵撤退。

本來這只是一次小小的遭遇戰，並無特別之處。但是，事後查明，巴頓擊斃的匪首竟是赫赫有名的大土匪卡德納斯。於是，潘興將軍決定要重賞巴頓。因為，他覺得巴頓是一員虎將，他要將巴頓內心那無比強烈的求勝欲望徹底激發出來。

首先，潘興將軍通令全軍嘉獎巴頓，然後，又召集新聞記者，將巴頓的英勇事蹟講述給他們。這樣，巴頓的事蹟上了美國各大報紙，成了美利堅民族的英雄，「巴頓神話」第一次在全國傳開了。

從小就受盡冷落、歧視的巴頓，第一次享受到英雄般的禮遇，他內心狂熱的求勝信念終於爆發了。在以後的戰鬥中，以及二戰時期他都以勇往直前著稱，最終成為美軍中優秀的將領之一。

巴頓的後半生，脾氣暴躁，人所共知，無論是下屬還是他的上司，都懼他三分。但是，對於潘興，巴頓是畢恭畢敬，從來沒有冒犯過他。

潘興將軍無疑是成功的。他不但成功的塑造出了一個新的巴頓，而且讓他在自己面前永遠覺得他是下屬。

身為管理者，要懂得為員工打氣加油，鼓勵和獎賞是非常重要的，它能使你的員工感悟到工作的意義，得到被尊重感的滿足。管理者的鼓勵並不用太多，可以是一句肯定的話、一句真誠的讚美，也可以是一個善意的微笑、一個期待的目光，只要是真正的發自管理者的內心，員工一定會十勁十足。

士氣影響員工工作的積極性，士氣低就等於積極性低，士氣高就等於積極性高。只有提高員工的士氣，企業才能快速發展。那麼，企業管理者該如何提升員工的士氣呢？以下幾點是可循之道：

1. 和員工打成一片

一種融洽的領導與被領導關係要比壓服式的「高壓統治」更能令人由內心深處產生動力。

2. 消除不滿情緒

員工不滿的地方往往就是士氣低落的原因所在。要面對這種不滿，不惜代價解決這些問題。如果暫時無法解決，也要委婉的向員工解釋清楚。

3. 共渡難關

公司經營有困難時，應坦誠向員工說明，請他們助你共渡難關。員工如果在工作中表現出「知恥近乎勇」的精神來，將是你的巨大成功。

4. 賞識員工

員工謀求管理者的承認和同事的認可，希望自己出色的工作被企業「大家庭」所接受。如果得不到這些，他們的士氣就會低落，工作效率就會降低。他們不僅需要自己歸屬於員工群體，而且還需要歸屬於公司整體，是公司整體的一部分。所有的員工都希望得到公司的賞識，甚至需要與他們的上司一起研究工作，直接從主管那裡了解企業生產經營情況。這種做法有助於拉近管理者與員工之間的距離，使員工感到自己是公司的主人，而不是苦力。

5. 營造積極熱情的工作氛圍

這影響士氣最首要、最關鍵的因素。如果團隊的所有員工能夠協同一致積極工作，顯然這個團隊將充滿高昂的士氣和凝聚力。這種積極性包括團隊員工之間良好的交流與溝通、自發產生出的統一行動、相互信任並積極支持，以及具備高尚統一的職業道德。

給員工及時的肯定和認同

人人都有得到別人認可和賞識的欲望。在工作中，這種欲望一旦得到滿足，員工的才能就能最大程度得到施展，潛能就能最大程度得到發揮。管理者要想達到這一激勵目標，往往只需做一件簡單的事：及時對員工的工作給予肯定。

我們所說的肯定，是指管理者對下屬的優點和成績所給予的一種讚譽和褒揚。肯定是一門藝術，管理者適時、適度的肯定下屬的行為是對下屬的一種尊重，既利於下屬揚長避短，也能有效的調動下屬工作的積極性和創造性。

在一家公司的提案初審會議上，一個員工興致勃勃的帶來了自己的產品促銷計畫。計畫的構思雖然新穎，但是預算成本太高，而且有些活動又不合時令。其餘各部門經理、主管以及同事們馬上發現了提案的不可行性，大家紛紛提出質疑，這名員工一時間對自己的失誤羞愧萬分。主管計畫實施的經理馬上意識到了問題的嚴重性，立刻插話，結束了大家的爭議，將大家的注意力集中在自己身上。他對該計畫的可行性部分給予了肯定和讚賞，親自讓祕書草擬兩份以備日後使用，然後鼓勵該員工繼續自己未完成的工作。

這位經理的高明之處就在於及時制止了其他人對該員工的反對意見，為員工提供了下台階的機會，並用鼓勵性的語言使問題由失敗趨向了成功，這種肯定，尤其是當著這麼多人的面進行肯定，對該員工產生了極大的激勵。

以「豐富女性人生」為己任，致力於創建一個「全球女性共用的事業」的玫琳凱，傳奇一般的摘得《富比士》雜誌評選出的兩百年來二十位全球企業界最具傳奇色彩並獲得巨大成功的人物桂冠！究其原因，這和玫琳凱的管理有關：適時而真誠的稱讚員工，告訴員工「做得不錯」。這個祕密武器是其企業管理哲學中的不二法則。

在公司內部，玫琳凱制訂了一系列運用「讚美」的舉措：如果員工第一次賣出一百美元的化妝品，就會獲得一條緞帶作為紀念；每年一次的盛況空前的「玫琳凱年度討論會」，會邀請從陣容龐大的推銷隊伍中推選出來的兩萬多名代表前來參加。而且，成績卓越的推銷員會穿著代表最高榮譽的「紅夾克」上台發表演說，而後給推銷化妝品成績最好的美容師頒發鑲鑽石的大黃蜂別針和貂皮大衣—這是代表公司最高榮譽的獎品。不僅如此，在公司發行的通信刊物《喝采》月刊上，每年都要把公司各大領域中名列前茅的人的名字登載出來……

在她的帶領下，公司大大小小的一線員工都學會了這一法則，並且能夠很好的加以運用。一次，有個美容師在第一、二次的展銷會上都沒賣出什麼東西，直到第三次才賣出三十五美元的東西。然而這位美容師的上司（當然也是玫琳凱的員工）卻十分熱情、開心的對她說：「你在美容課中賣出三十五美元的東西，那實在太棒了！」此時恰逢玫琳凱經過，於是這位員工拉著那位美容師走過來說：「讓我介紹我們的新美容顧問給您。昨晚，她在美容課中賣出了三十五美元的產品！」然後稍作停頓又接著說，「她前兩次的美容課都沒賣出什麼，但昨晚她竟然賣出三十五美元，那不是很棒嗎？」玫琳凱聽後，微微一笑，感到十分欣慰，那位美容師也顯得格外開心。之後，那位美容師取得了可喜的成績。其上司也因為善於運用「讚美」激勵員工而得到玫琳凱的重用。

後來，玫琳凱在回憶這件事情時說：「我認為，直接告訴你的員工『You are very good ！』、『Good job! Well done!』是激勵員工的最佳方式，也是上下級溝通手段中效果最好的，因為每個人都需要讚美。只要你認真尋找，就會發現許多運用『讚美』的機會就在你的面前。」從這件事情上，我們可以得到一些啟示：一句稱讚也許就是成功的靈丹妙藥。讚美不僅可以培養員工、提高員工的自信心，還可喚起員工樂於工作的熱情。艾倫．休格爵士是英國最懂得讚美之道的人之一。他常對著一些有前途的選手粗暴的咆哮「做得好！」而選手們頓時會笑顏逐開—正是這種反常的讚美，激勵了那些選手。

每個員工的成長、成功都離不開肯定和認同，就企業而言，認同就是給員工鍛鍊、證明自己能力的機會。在肯定和認同的作用下，員工會認識到自己的潛力，並不斷發展各種能力，成為生活中的成功者。就管理者而言，鼓勵員工可以為自己樹立良好的個人威信，使上下級關係更為融洽，溝通更為便捷，也能夠提高員工的工作效率。如果管理者都能用鼓勵的辦法領導員工，那麼，企業的管理水準勢必會上一個新的台階。

美國堪薩斯州的威奇托州立大學管理學教授吉羅德．格蘭厄姆博士，在對處於各種工作環境中的數千名員工進行的研究中發現，對於這些員工來說，最強大的推動力是他們的經理那裡得到的即時的、公開的認同。由此可以看出，最能影響員工工作滿意度的是他們的上司，所以，每一位管理者都具備使員工對工作高度滿意的能力。

美國泰克公司的弗洛倫曾製作了一種「你做得真棒」的通知卡，讓公司員工互相贈送。這是一種對員工業績認同的方案。當員工表現不錯時，就送一張小卡片給她，並在上面簽上自己的名字。「即使人們只是對你說了一些好聽的話，」弗洛倫說，「但是當人們花時間把名字寫在一張紙上並對你說這些好話時，這意味著更多的東西。員工們經常把這種通知卡貼在相鄰同事的桌上。」

這種不花錢就能進行的獎勵其實有很多花樣，譬如：把員工叫到你的辦公室來，向他表示謝意，而不談任何別的事情；把感謝信貼在員工辦公室門上；給員工發薪水時，在信封上寫一句話對員工的業績表示認可；邀請員工到家裡做客，並當著他的朋友或配偶的面對他們的業績表示肯定。

這些富有創意、新穎獨特的認同，給員工們傳達了一種概念：管理者重視成就，願意花時間發掘有責任心的員工，並用適當的方法親自進行表揚。這種公開認同所具備的強大的影響力，將會使任何員工都獲得感染和激勵。

認同和肯定是僅次於金錢，位居第二有效的對員工出色工作的獎勵方法，而且實施起來成本低。正如管理顧問坎特說的那樣：「對員工表示認同，做起來非常容易又省錢，簡單到沒有任何藉口不這樣做。」

在對員工表示認同和肯定時，管理者應該遵循一定的原則，以使認同達到更好的激勵作用。管理顧問坎特就為我們提供了這樣幾種有效的指導原則:

1. 對員工的認同和獎勵要公開進行，並要做好宣傳。這是認同最重要、最基本的原則。如果不公開進行，認同就會失去應有的作用，達不到更好的獎勵和激勵的目的。
2. 管理者要親自作出認同，並且要態度誠懇，要避免華而不實或做過了頭。
3. 強調員工優秀的一面而不是平庸的一面。如果管理者忙於尋找消極的東西，就會失去積極的東西。
4. 選擇時機是關鍵。要在員工們將要取得成就前或是剛剛取得成就時進行獎勵。對大多數獎勵而言，獎勵時間的滯後會削弱激勵的效果。
5. 對員工的認同和獎勵，要從員工的特殊需求出發。你可以提供多種可供選擇的認同和獎勵方法，以便管理人員在特定的場合，選取適合個別員工需求的適當方法對他們的成就作出認同。
6. 對「認同」進行認同，也就是對那些給予他人（為公司做出貢獻的員工）認同的人們進行認同，這可以擴大激勵效應，取得更好的激勵效果。

總之，當員工的工作取得成就後，管理者千萬不要吝嗇自己的讚美，應及時讓他們了解工作的意義，給予適時、適當的肯定。這件事做起來輕而易舉，但效果卻非常顯著。

掌握因人而異的激勵手段

在《諫論》中有一個很有趣的故事：

有這麼三個人，一個勇敢，一個半勇敢半膽小，一個人完全膽小。有一次，蘇洵將這三個人帶到淵谷邊，對他們說：「能跳過這條淵谷的才稱得上勇敢，不然就是膽小。」

那個勇敢的人以膽小為恥辱，必然能跳過去，那個一半勇敢一半膽小和完全膽小的人不可能跳過去。

他又對這剩下的兩個人說：「能跳過這條淵谷的，就給他一千兩黃金，跳不過則不給。」

這時，那個一半勇敢一半膽小的人必然能跳過去，而那個完全膽小的人卻還是不能跳過去。

突然，來了一隻猛虎，凶猛的撲過來，這時，你不用問，那個完全膽小的人一定會很快跳過淵谷就像跨過平地一樣。

從這個故事可以看出，要求三個人去做同一件事，卻需要用三種不同的條件來激勵他們。如果只用同一種條件，顯然是不能使三個人都動心的。管理者激勵員工也是如此，對不同的人要採取不同的態度和方法。

人的需求包括生理需求、安全需求、社會需求、尊重需求和自我實現需求等若干層次。當一種需求得到滿足之後，員工就會轉向其他需求。由於每個員工的需求各不相同，對某個人有效的激勵措施可能對其他人就沒有效果。管理者應當針對員工的差異對他們進行個別化的激勵。比如：有的員工可能更希望得到更高的薪資，而另一些人也許並不在乎薪資，而希望有自由的休假時間。又比如：對一些薪資高的員工，增加薪資的吸引力可能不如授予他「優秀員工」的頭銜的吸引力更大，因為這樣可以使他覺得自己享有地位和受到尊重。所以，管理者要對症下藥的針對不同的員工制訂不同的激勵計畫，採取不同的激勵手段。

在現實中，企業內的員工類型可以分為指揮型、關聯式、智力型和工兵型。針對不同類型的員工管理者應該分析其類型特點，採取不同類型的激勵技巧，這樣才能取得良好的激勵效果。

1. **指揮型員工**。這類員工最大的特點就是喜歡命令別人去做事情，面對這一層次的員工，管理者在選取激勵方式和方法的時候應該注意以下幾點：管理者要在能力上勝過他們，使他們服氣；幫助他們融入際關係；讓他們在工作中彌補自己的不足，而不要指責他們；避免讓效率低和優柔寡斷的人與他們合作；容忍他們不請自來的幫忙；巧妙的安排他們的工作，使他們覺得是自己安排了自己的工作。當他們抱怨別人不能做的時候，問他們的想法。

2. **關聯式員工**。這類員工關注的對象不是目標，而是人的因素，他們的工作目標就是打通人際關係線。對於這種類型的員工，管理者應該考慮採取類似下列的激勵技巧：對他們的私人生活表示興趣，與他們談話時，要注意溝通技巧，使他們感到受尊重；由於他們比較缺乏責任心，應承諾為他們負一定責任；給他們機會充分和他人分享感受；別讓他們感覺受到了拒絕，他們會因此而不安；把關係視為團體的利益來建設，將受到他們的歡迎；安排工作時，強調工作的重要性，指明不完成工作對他人的影響，他們會因此為關係而努力的拚搏。
3. **智力型員工**。這類員工擅長思考，分析能力一般很強，常常有自己的想法。他們喜歡事實，喜歡用數字說話。管理者在激勵這部分員工的時候，應該注意到：肯定他們的思考能力，對他們的分析表示興趣；提醒他們完成工作目標，別過高追求完美；避免直接批評他們，而是給他們一個思路，讓他們覺得是自己發現了錯誤；不要以突襲的方法打擾他們，他們不喜歡驚奇；誠意比運用溝通技巧更重要，他們能夠立即分析出別人誠意的水準；讚美他們的一些發現，因為這是他們努力思考得到的結論，並不希望別人潑冷水。
4. **工兵型員工**。這類員工主要特徵是喜歡埋頭苦幹。他們做事謹慎細緻，處理常識性的工作表現得尤為出色。對於這樣的員工，管理者要採用的激勵技巧有以下幾點：支持他們的工作，因為他們謹慎小心，一定不會出大錯；給他們相當的報酬，獎勵他們的勤勉，保持管理的規範性；多給他們出主意、想辦法，使他們更好的完成工作。

巧用激將法，勸將不如激將

俗話說：「勸將不如激將」。「激將法」就是利用人們的自尊心和反向心理，從相反的角度「刺激」對方「不服氣」的情緒，使其產生一種發進取的「內驅力」；如此一來，就能把對方的潛能充分發揮出來，實現良好預期，達到其他勸說方法不能奏效的結果。

史密斯在擔任美國紐約州州長的時候，當時的辛辛監獄管理混亂，臭名昭著，那裡缺了一名看守長，急需以為鐵腕人物去管理監獄。一番選擇後，史密斯覺得勞斯是最合適的人選，便召見了他說：「去辛辛監獄做看守長如何？」

勞斯大吃一驚，他知道這是苦差事，誰都不願意去，他考慮著值不值得冒險。史密斯見他猶豫不決，便說道：「害怕了？年輕人，我不怪你，這麼重要的職位，需要一個重量級人物才能挑得起這副擔子。」

勞斯被史密斯一激，一下來了勁頭，欣然接受了這副擔子。他上任後，對監獄進行大膽改革，盡力做好罪犯的幫教轉化工作，他成了美國最具有影響力的看守長。

人們往往都有反向心理，你越不讓他做什麼，他偏做什麼，尤其是在氣氛激烈的情況下，對於那些好勝心強並且脾氣暴躁的人，用「激將法」來達到用他的目的是最好的辦法。

小王是一個很有能力的年輕人，但平時工作卻不怎麼認真。老闆就對他說：「小王，這項工作只能交給你了，我知道你平時工作不是很出色，但是沒辦法，公司現在實在沒人手，我希望你能盡心盡力完成它。」聽完這話後，小王很不舒服，甚至有不服氣的感覺，心裡想：憑什麼說我工作不出色？我要讓你看看這樣！就這樣他把怒氣轉化為工作的力量，全心全意的去工作。

某公司改革用人制度，決定對中層幹部張榜招賢。榜貼出後，大家都看好能力技術俱佳的技術員小陶。然而，由於某種原因，小陶正在猶豫。公司總經理找到他，直言相激：「小陶，你不是大學的高材生嗎？我以為你挺有出息的，沒有想到你連個部門經理的位子都不敢接，我以前高看你了！你就是個庸才！」

「我是庸才？」話音未落小陶就跳了起來，說：「我非做出個成績來不可。」他當場揭榜出任了部門經理。

這是使用「激將法」的兩個典型的例子，抓住被激勵者的心理，狠狠的潑他一盆冷水，打擊一下他的情緒，這樣他會存憤怒之下迸發出更多的力量，這其實也是一種激勵。

「勸將不如激將」，意在說明在某些特定的環境和條件下，若需激起某人的鬥志，與其苦口婆心的正面勸說，不如故意給其刺激和貶低，從而激發其自尊心、自信心，獲得重新振作的可能。

在企業管理中，激將法成為激勵職員發揮潛能的方法之一。激將法好用，但用好卻有講究。在使用激將法的過程中要避免試圖一蹴而就的做法。因人而異是企業人性化管理的內涵之一，是確保激將法能產生效果的關鍵。反之，如果無視職員的客觀差異，使「激將法」運用失當，就難免產生反效果。

管理者在激將之前要先掌握該下屬的心理和行為特徵，這需要管理者獨到的識人本領。例如：分析其心理承受能力有多大，思想覺悟有多高，心理偏差有多遠，個性潛能將發揮到哪一層次等等。即使不能全盤把握，也要有個大略評估，這是決定激將成敗的關鍵。面對那些明白事理，卻因為偶爾的犯錯或突然受挫以致暫時迷失方向、產生自卑感或自暴自棄的人，激將法對他就可能達到滿意的效果。

相反，有些人本身心理承受能力有限，已是在挫折中「風雨飄搖」、不堪一擊，若再行刺激，甚至羞辱，就很可能徹底崩潰；還有一些人覺悟不夠，散漫，對犯錯早已習以為然，或者擺出一副「死豬不怕滾水燙」的姿態，這時任憑如何激將，他仍是不為所動；更有甚者，會對管理者的用心良苦產生反向心理，在企業當中製造某些不利團結的事端；也還有一些人的自卑感根源於自身能力的缺失，而且其自身潛能也確實有限，激將法於他也許會產生一時的感染力，但很快這種剛剛激起的自信就會被其實力不足而擊垮。「冰凍三尺非一日之寒」，僅有激將是起不了多大效果的。

激將法在實際運用時並不是單一的，下面介紹幾種有效的激將法：

1. 弱點激將法

運用激將法要看對象，年輕人的弱點是好勝，「激」就是選在這一點上，你越說他害怕，他就越勇敢。年齡大的人的弱點是自尊心強，此點一「激」就靈，你越說他不中用，他越不服老，越逞強。所以當別人指責他放棄責任、隱退不出，嘲笑他不負責任、膽怯後退時，他的能量就被激發出來了。

2. 對比激將法

對比激將法是要借用與第三者（一般來說是強者）對比的反差來激發人的自尊心、好勝心、進取心。

用對比法激人，選擇對比的對象很重要。一般來說，最好選擇被激對象比較熟悉的人，過去情況與他差不多，各方面條件與其差不多的人。而且對比的反差越大，效果越好。

3. 煽情激將法

煽情激將法需要用具體的有感染力的描述，用富有煽動性的語言激起人們心中的熱情、熱情。所用的可以是嚴酷的現實，也可以是輕鬆的遠景，不拘一格。

4. 絕路激將法

軍事家都懂得一個道理，人到了沒有退路的時候，往往特別勇敢。歷史上破釜沉舟、背水一戰而獲全勝的戰例不勝枚舉。如果企業管理者懂得這個道理，在瀕臨絕境的時候，激勵員工背水一戰，也可以大獲全勝。

俗話說：「置之死地而後生。」所以，一個企業管理者若想讓一個頻死的企業「活」起來，就要想辦法讓員工們知道企業處於絕境。

5. 身先士卒激將法

一個企業的廠長發現必須加班製造一項產品，於是請領班找工人回來加班。領班面有難色，表示有很多困難。廠長沒有再說什麼，晚上親自跑到工廠加班，領班聽到後，立即找了幾個工人將廠長換下來。從此之後，碰到加班的時候，這位領班再也沒有講價錢。

戰場上主帥是不宜親自出戰的。主帥出戰則意味著部將無能或失職，這個行動本身就是「激將法」。

激將法有智愚高下之分，管理者要掌握好分寸尺度，靈活發揮，機智應用，這樣就能讓你的員工在需要時拿出他們最大的力量拼死效力。

給員工適當戴一頂「高帽子」

有這麼一則笑話：

有一個在朝的官員，被放到外地去做官，臨行前，去拜別自己的老師。老師囑咐他說：「到外地做官不容易，一切要謹慎從事。」官員說：「我預備了一百頂高帽子，逢人就送他一頂，應當不會遇到什麼麻煩。」老師就很不高興的說：「我們做人處事以正直為原則，何必要用這種方法！」官員說：「普天下像老師這樣不喜歡戴高帽子的人，能有幾個呢？」老師聽了，面露愉色的說：「你這話還是很有見地的。」官員從老師那裡出來對朋友說：「我一百頂高帽子，現在只剩下九十九頂了。」

從這個笑話中，我們可以悟出這樣一個道理：人人都喜歡聽好話，即便是故事中那個正直的老師，也不例外。

常言道：「十句好話能成事，一句壞話事不成。」高帽子人們都喜歡戴，恭維話人人都愛聽，這是人們的共同心理。恰如其分的適當恭維肯定會讓別人精神愉悅，贏得他們的信任和好感。

給人戴「高帽子」說白了就是恭維他人，常言道「禮多人不怪」，沒有多少人會拒絕一頂看起來恰如其分的「高帽子」。作為管理者，若是你能恰到好處的給你的下屬戴一戴高帽，定能對你改善與下屬的人際關係帶來意想不到的好處，有力的有力的贏得你下屬的好感和信任。這裡所指的扣「高帽子」，並不是人們常理解的那種不切實際的誇大。它是一種讓員工重新重視自己，提高自信的有效激勵方式。

一個窮困潦倒的英國青年一篇又一篇的向外投寄稿件，卻一篇又一篇的被編輯退回。一次次的打擊使青年幾乎喪失了所有的信心。正當他準備放棄時，他意外的收到一位編輯的來信，信很短：「親愛的，你的文章是我們多年來夢寐以求的作品；年輕人，堅持寫下去，相信你一定會成功的！」正是這句讚美的話，給了絕望的青年以勇氣、力量和信心，讓他堅持著寫了下去。後來，這位年輕人成了一代文豪，他就是狄更斯。

巧送「高帽子」是一種說話的藝術，它不需要花費很多的時間和力氣，卻能給人一種強大的支持，讓人有勇氣克服困難，建立自信心。在企業管理中，總是會有些員工常常不期然的陷入困境而難以自拔，以至於有人因此自暴自棄。這時候，來自管理者的真摯而熱忱的話語，就可能改變一個員工的一生。

張宇是公司生產部的一名主管，最近他的部門調來一個名叫王擁軍的人，別人對王擁軍的評語是：時常遲到，工作不努力，以自我為中心，喜歡早退。過去的班長對王擁軍都束手無策。

第一天上班，王擁軍就遲到了五分鐘，中午又早五分鐘離開部門去吃飯，下班鈴聲前的十分鐘，他已準備好下班，次日也一樣。

張宇觀察了一段時間，發現王擁軍缺乏時間觀念，但工作效率卻較高，而且成品優良，在品管部門都能順利透過。於是，張宇對王擁軍的遲到早退未置一詞，只是微笑著打招呼，時間久了，王擁軍反而覺得過意不去了，心想：過去的班長可能早就對我大發雷霆了，至少會斥責幾句，但現在的班長毫無動靜。

感到不安的王擁軍，終於決定在第三週星期一準時上班，站在門口的張宇看到他，便以更愉快的語氣和他打招呼，然後對換上工作服的王擁軍說：「謝謝你今天能準時上班，我一直期待這一天，這段日子以來你的成績很好，算是部門的冠軍呢！真是一流的技術人才，如果你發揮潛力，一定會得優良獎。也許我的話有些不中聽，但是我還要說，為了你的前途應遵守規則，認真努力。」

雖然王擁軍沒有立刻改掉所有的缺點，但遵守上下班時間和工作情緒方面，幾乎判若兩人。

英國前首相邱吉爾曾說：「讓人覺得他有某種長處，他就會珍惜自己的長處，並在那些長處中求發展。」適時的稱讚員工，給員工戴一頂高帽子，在展示管理者領導魅力及和諧的人際關係中有著獨特的功能。當你讚美別人的時候，既展示了自己的善良、真誠、坦蕩和高尚，也給予了他人最珍貴的禮物—自信，而當他人接受這一禮物時，就會對讚美產生好感。因此，管理者應善於發現下屬的特質，用恰當、真誠、適度的語言告知對方，使讚美成為溫暖下屬靈魂的陽光，滋潤下屬成長的雨露。

俗話說：「恭維不花錢，舌頭打個滾。」要贏得員工的心，奉承是一件實用的武器，何樂而不為呢？

信任是對下屬最大的激勵

有這樣一個著名的心理學實驗：

西方心理學家奧格登在一九六三年進行了一項警覺實驗，透過記錄測試者對光強度變化的辨別能力以測定其警覺性。測試者被分為四組：

第一組：控制組，不施加任何激勵，只是一般的告知實驗的要求與操作方法；

第二組:挑選組，該組的人被告知，他們是經過挑選的，覺察能力最強，理應錯誤最少；

第三組：競賽組，他們得知要以誤差數量評定小組優劣與名次；

第四組：獎懲組，每出現一次錯誤就罰款，每次反應無誤就頒發少許獎金。

可能很多人會認為第三組或者第四組的警覺性最強，因為兩組分別使用了競賽及獎懲的激勵手段，但事實上，心理學家的實驗結果卻出乎意料：經測試，第二組的警覺性最強。因為第二組的人受到了良好的信任，受到了積極正面的心理暗示，結果他們比那些希望在競爭中勝出、害怕受罰或希望獲獎的人表現得更加出色。

由此可見，單憑業績考核、獎優罰劣與業績排名、末位淘汰並不能很好的激勵員工發揮潛力，而給予員工必要的信任、鼓勵，卻可以收到更好的效果。

俗話說：「士為知己者死」。信任是一種精神激勵，比物質激勵更重要。而對於管理者而言，則代表一種能力。

劉剛是一家印刷廠的老闆。他的印刷廠承接的東西品質都非常精細，但印刷員是個新來的，不太適應這份工作，所以主管很不高興，想解雇他。

劉剛知道這件事後，就親自到了印刷廠，與這位年輕人交談。劉剛告訴他，對他剛剛接手的工作，自己非常滿意；並告訴他，他看到的產品也是公司最好的成品之一，相信他一定會做得更好，因為對他充滿信心。

這能不影響那位年輕人的工作態度嗎？幾天後，情況就大有改觀。年輕人告訴他的同事，老闆非常信任他，也非常欣賞他的成品。從那天起，他就成了一個忠誠而細心的工人了。

人是有感情的動物，寬容和信任是人與人之間建立良好關係的基礎，管理者只有以心換心才能贏得員工的真心。而得到管理者的寬容和信任的員工就會將自己最大的熱情投入到工作中去，將自己的積極性和創造性轉化為最大的工作效率，從而提高整個企業的競爭力。

路易斯是村裡出名的地痞，整日遊手好閒，打架鬥毆，人們見到他唯恐躲避不及。

一天，為了哥們義氣，他參加了一場群毆，結果失手將一人打死。

入獄後的路易斯幡然悔悟，對以往的言行深深感到懊悔。他積極參加了生產勞動，決心改過自新。一次，他成功的協助監獄制止了一次犯人的集體越獄出逃，獲得減刑的機會。

路易斯從監獄中出來後，回到村裡重新做人。他先是在鄰近地區找工作，結果全被對方拒絕，這些老闆全部遭受過路易斯的敲詐，誰也不想再跟他打交道。

食不果腹的路易斯又來到親朋好友家借錢，遇到的都是一雙雙不信任的眼睛，他那一點剛充滿希望的心，開始滑向失望的邊緣。

這時，村長聽說了，就拿出了兩百美元，遞給路易斯，路易斯接錢時沒有顯出過分的激動，他平靜的看了村長一眼後，消失在村口的小路上。

數年後，路易斯從外地歸來。他靠兩百美元起家，苦命拚搏，終於成了一個腰纏萬貫的富翁，不僅還清了欠親朋好友的舊帳，還取回來一個漂亮的妻子。

他來到了村長的家裡，恭恭敬敬的捧上了兩千美元，然後說道：「謝謝您！」

事後，費解的人們問村長，當初為什麼相信路易斯日後能夠還上兩百美元，他可是出了名的借款不還的地痞。

村長笑了笑，說：「我從他借錢的眼神中，相信他不會欺騙我，我那樣做是讓他感受到社會和生活不會對他冷酷和遺棄。」

一個即將走向極端的人，被村長拯救了過來。

信任他人，不僅能有效的激勵人，更重要的是能塑造人，在人與人之間相互信任的氛圍中，彼此無憂無慮，無牽無掛，思維空前的放鬆與活躍，盡情發揮自己的聰明才智。在這樣的境界裡，人性的本能驅使自己要維護這方相互信任的淨土，讓每一個不光明的念頭出現時，都會讓人覺得格格不入、自慚形穢。這種境界是其他激勵無法達到的。正如管理大師史蒂夫．．柯維說：「信任是激勵的最高境界，它能使人表現出最優秀的一面。」

經營之神松下幸之助很善於用信任來激勵員工。每次觀察公司內的員工時，他都會感覺他們比自己優秀，當他對員工們說「我對這件事情沒有自信，但我相信你一定能夠做得到，所以就交給你去辦吧」時，員工都會因受到重視而不但樂於接受，還會下定決心竭盡所能也要把事情做好。

一九二六年，松下電器公司要在金澤市設立營業所。松下從來沒有去過金澤，但經多方考察與考慮，還是認為應該成立一個營業所。這時問題出來了：誰去主持這個營業所呢？誰最合適呢？當然，勝任這個責任的高級主管很多，但那些老鳥的管理人員都要留在總公司工作。因為他們當中的誰離開總公司，都會影響總公司的業務。這時，松下幸之助想起了一位年輕的業務員。

這位業務員當時只有二十歲，松下決定派這個年輕的業務員擔任設立金澤營業所的負責人。松下對他說：「公司決定派你去金澤的新營業所主持工作，現在你就立刻過去，找個適當的地方，租下房子，設立一個營業所。我已經準備好一筆資金，讓你去進行這項工作了。」

聽完松下的話，年輕的業務員大吃一驚，不解的問：「這麼重要的工作讓我這個新人去做不太合適吧……」

但是，松下對這位年輕人很信賴，他幾乎用命令的口吻說：「你沒有做不到的事情，你一定能夠做得到的。戰國時代的加藤清正、福島正則這些武將，都在十幾歲時就非常活躍了。你現在已超過二十歲了，不可能這樣的事情都做不來。放心吧，我相信你，你一定能做到。」

這時，年輕人臉上的神色已與剛進門時判若兩人。此時，他的臉龐充滿了感動。看到他這個樣子，松下也很興奮的說：「好，請你認真的去做吧！」

年輕人一到金澤就馬上進入了工作狀態，他幾乎每天給松下寫一封信，向他彙報自己的工作情況。很快，他在金澤的籌備工作完全就緒。於是，松下又從大阪派了兩三名員工過去，開設了營業所。

可見，管理者的信任會使員工發揮超常的潛能。當員工受到管理者的信賴、得到全權處理工作的認可，就會覺得無比興奮；而且，受到信任後也會有較高的責任感。無論管理者交代什麼事，他都能竭盡全力去完成，同時也會用自己出色的工作成績回報管理者。

管理者對員工的真誠信任是一種激勵，通常會收到員工主動性和積極性的回報。優秀的管理者深知信任可以得到積極的回報，所以他們把信任員工當做一種重要的激勵手段來運用。

第五章

懲前毖後，管理者批評下屬的說話藝術

說話技巧在批評中具有十分重要的作用。實際工作中，對同一個人同一件事，由於管理者所使用的語言不同，表達的感情色彩不同，其批評的效果往往是不一樣的。因此，管理者要增強批評的有效性，就要提高語言表達能力，講究語言表達技巧，增強語言的說服力、感染力。

良藥不苦口，批評下屬有技巧

人非聖賢，孰能無過？ 在日常工作之中，下屬的工作常常會出現某些偏差和錯誤，這個時候就需要管理者對下屬進行批評教育和糾正，達到不再犯的目的。但是批評的尺度和方法卻又必須掌握得當，不然效果就會適得其反。

就心理學而言，管理者批評下屬的過程是管理者與下屬在思想、感情上的相互交流與認同的過程。在批評過程中，管理者越是尊重、理解下屬的處境，就越能獲得下屬對批評意見的重視與接受。在發表批評意見中，尊重能使人懂得維護他人的自尊心，維護其面子；不出語傷人，不逞口舌之快，設身處地的去替他人考慮;講話不自以為是，不強加於人。在接受批評意見中，尊重使人竭力認同別人批評意見中的有益部分，並予以積極的肯定。人們越是能尊重理解人，就越能冷靜、客觀的面對別人的批評意見。從這個意義上來說，尊重、理解，才是使忠言不逆耳、聞過不動怒的轉化條件。

千萬不要將批評當做發洩不滿情緒的方式，批評不是發洩感情，除非你是惡意的批評。善意的批評是要為對方著想，而不是純粹表達自己的憤怒。被批評者在接受批評時，可能會產生兩種截然不同的感受：一種是很快意識到對方是在為自己好，是善意的批評；另一種則是認為對方在找人發洩心中的不快，是惡意的批評。在這兩種不同的感受之下，人們對批評所接受的程度也完全不同。

詹姆斯是一位精明能幹的經理，可是就有個怪毛病，不准員工出半點差錯，不然的話就大發雷霆。

有一次，他看到一份報告上有一個錯字，那是個拼寫錯誤，有人把 Believe 寫成了 Beleive。於是，雷霆大怒的詹姆斯把寫錯字的工程師叫到了辦公室。

「你這個傢伙連這麼點錯誤都要犯，你到底是怎麼讀的博士學位？ E 怎麼可能在 I 的前面，記住，I 永遠在 E 的前面。」整個走廊都聽得見詹姆斯的聲音。

可是，沒過幾天，詹姆斯經理又發現了同樣的拼寫錯誤，而且又是出自同一人之手。

這次，詹姆斯被徹底的激怒了，他叫來了那個「屢教不改」的工程師，怒不可遏的沖他咆哮道：「噢！上帝怎麼也會讓你長個腦袋？難道你的腦袋是吃屎的嗎？你忘了我上次怎麼說你嗎？」

那工程師很平靜，惡狠狠的盯著詹姆斯說道：「你不是說 I 永遠在 E 之前嗎？」 詹姆斯大聲回答：「是。」

工程師二話不說，隨手從桌上拿起一份文件，把上面的 Boeing（波音）字樣一筆勾去，寫成了 Boieng。

這個不愉快的結局是由於這位詹姆斯經理缺乏批評技巧，如果他當時不那麼氣憤，而且採用一種心平氣和的態度，可能就會很好的協調了上下級的關係。所以說，批評要想達到預期的效果，方法是關鍵。管理者只有找到正確的批評方法，才能達到理想的管理效果。

下面是幾種頗有藝術性的批評方式，對管理者具有較強的啟示作用。

1. 委婉式批評

委婉式批評又叫間接式批評。它一般都採用「借彼批此」的方法聲東擊西，讓被批評者有一個思考的餘地。其特點是含蓄蘊藉，不傷被批評者的自尊心。

戰國時，齊景公讓馬夫飼養自己的愛馬，那馬突然得了急病死了，齊景公大怒，讓人用刀肢解養馬的人。

當時晏子在跟前，侍衛持刀上前，晏子阻止了他們並問齊景公說：「堯舜肢解犯人，從哪個部位開始？」齊景公恍然大悟的說：「從我開始。」於是下令取消肢解馬夫。齊景公說：「交給獄吏（讓他坐牢）。」晏子說：「這個馬夫不知道自己犯了什麼罪而死，我替您列舉出來，讓他知道自己犯了什麼罪，然後您再把他關進監獄。」齊景公說：「可以。」

晏子對馬夫斥責說：「你的罪名有三條：國王讓你養馬你卻把它養死了，這是第一條死罪；又養死了國王最好的馬，這是第二條死罪；又讓國王因為一匹馬的緣故而殺人，百姓聽說以後肯定抱怨我們國王，諸侯聽說以後必然輕視我國。你養死了國王的馬，使百姓積怨，鄰國輕視我們，這是你的第三條死罪。現在把你關進牢獄。」齊景公長歎一聲說：「你把他放了吧！你把他放了吧！不要損害我所實行的仁政。」

故事中的晏子沒有直接指出齊景公的錯誤，而是採用一種間接的方式，委婉的提出了批評，令齊景公知道了自己的錯誤。所以，在批評一個人的時候，要學會委婉的指出錯誤，切記不要過分直接，這樣的批評不會顯得十分生硬，而且讓被批評者容易接受。管理者在批評別人時，也可以適當閃爍其詞，稍稍隱晦的表達自己的意思，這樣的方式反而成了工作中提出意見批評他人的一把利劍。

使用這種方法，可以避免因盡露鋒芒給對方造成的太大傷害和反抗，也能避免針鋒相對的矛盾，能夠啟發人的自我思考，體會其中道理，讓對方在細細斟酌之後，理解和接受這次批評，進而改正錯誤，從而達到了「言有盡而意正窮，餘意盡在不言中」的美好效果。

2. 安慰式批評

有的情況下，員工的錯誤舉止是基於人之正常心理驅使的必然結果，在這時候，儘管你對此不能接受，但你也應當從員工的角度考慮問題，體會下屬的真正思想。或者你會發現如果你站在他的位置上，你也可能這樣做，只不過不像他那樣厲害罷了。既然能意識到這一層，你就應該注意去保持下屬的心情，在給以批評的同時，也留一些餘地，給對方一些安慰。

3. 警告式批評

如果下屬犯的不是原則性的錯誤，或者不是正在犯錯誤的現場，管理者就沒有必要「真槍實彈」的對其進行批評。可以用溫和的話語，只點明問題，或者是用某些事物對比、影射，做到點到為止，達到一個警告的作用。

春秋時期，秦國準備襲擊鄭國，軍隊走到魏國時，這個消息被鄭國的商人弦高知道了。弦高原打算到周圍做買賣，但他不忍自己國家遭受損失，便打算勸秦國主將改變主意。於是，他帶了千張熟牛皮，趕了百頭牛作禮物，前去犒賞秦軍。見到秦國主將，他故作恭敬的說：「我國國君已經聽說您將行軍經過敝國，已準備好糧草招待。還特地派我來犒勞您的隨從。」

秦將一聽此話，誤以為鄭國對他們早已有所防備，心想：以逸待勞，逸者勝，今我疲勞之師，如何取勝？於是便班師回朝，放棄了攻打鄭國的計畫。

弦高「綿裡藏針」對秦國的警告達到了最佳的效果，即未動一兵一卒，保全了自己的國家。警告式的批評在這裡發揮了強大的作用。但如果對方自我意識差，依賴性強，不點不破，不明說不行，則可以用嚴肅的態度、較尖銳的語言直接警告他。

4. 啟發式批評

在管理工作中，大多數管理者在批評時，往往把 重點放在指責下屬「錯」的地方，卻不能善意的指明「對」的應該怎麼做。這實際上成了廢話，在下屬看來，更多感受到的是個人的不滿意。因此，最好的批評應該是探討式的，站在對方的角度分析錯誤的原因，尋求正確的做法。

某公司員工小王正在籌備結婚的大事。工會主任問他：「小王，你們的婚禮準備怎麼辦呢？」小王不好意思的說：「依我意見簡單點，可是岳父大人說這是他的獨生女的婚禮，一定要辦得熱熱鬧鬧的。」主任說：「哦，我們公司還有小趙、小李都是獨生女。」

雖然工會主任沒有直接說出自己的意見，但是他的意思小王一聽就明白了。小王的意思是婚禮不得不辦得熱鬧些，而主任的意思是：別人也是獨生女，是不是都要大辦一場呢？

5. 幽默式批評

批評雖離不開高聲調的語言和嚴肅的態度，不過在某些時候、某些場合這都達不到好的批評效果。在這種情況下，如果用一些較幽默詼諧的語言，下屬反而能接受善意的批評，從幽默中產生趣味，從趣味中陷入沉思，從沉思中品味哲理，然後，受到深刻的教育。

在一次職工大會上，有一個主管談到現狀時仿擬了一首詩：「春眠不覺曉，上班想睡覺；夜來麻將聲，將出知多少！」講到這種工作局面再持續下去，將要出現什麼樣的後果時，他又說：「白日依窗盡，工作泡湯流；飯碗端不住，老婆也發愁。」全場職工屏息靜聽，聽完之後發出一陣陣不自然的笑聲，笑完後又陷入沉思：這樣下去確實不行。

總之，批評的方式和技巧是多種多樣的，管理者在批評下屬時，應該靈活運用這些方法。

管理者要讓批評婉轉

批評下屬，是管理者在實施管理活動中必須運用的一種方法，它對教育和幫助下屬，使管理工作和下屬本身擺脫錯誤言行羈絆，具有重要意義。然而，由於人們更容易喜歡表揚而反感批評，所以某些下屬往往聽到表揚高興，聽到批評掃興，甚至得不到表揚不以為然，或受到批評則如坐針氈。這就要求管理者在對下屬實行批評時，必須講究一定的原則和方法，做到「讓批評婉轉」。

波士頓是一家工程公司的安全協調員，他的職責之一是監督在工地工作的員工戴上安全帽。每次一碰到沒戴安全帽的人，他就會官腔官調的批評他們沒有遵守公司的規定。員工雖然表面接受了他的訓導，但卻滿肚子不愉快，常常在他離開後就又將安全帽拿了下來。於是，他決定停止當面批評。當他再發現有人不戴安全帽時，就問他們是不是帽子戴起來不舒服，或有什麼不適合的地方，然後他會以令人愉快的聲調提醒他們，戴安全帽的目的是為了保護自己不受傷害，建議他們工作時一定要戴安全帽。結果遵守規定戴安全帽的人越來越多，而且也不再像以前那樣出現怨恨或不滿情緒了。

作為管理者，應該盡量減少批評所產生的副作用，減少人們對批評的排斥感，以達到較理想的批評效果。若是管理者者在批評下屬時，不講究方式、方法，一味的橫加指責，不但不會順利達到教育下屬的目的，反而還會引起下屬的反感。

「小趙，你到我辦公室來一趟！」銷售部經理啪的一聲掛了電話，這讓剛剛還和同事有說有笑的小趙一下子心驚膽戰起來，他硬著頭皮走進了經理辦公室。

「看看你這個月的銷售業績，怎麼這麼差啊？你看看人家小李，剛來兩個月，業績就做到本月第一名。你以為我能讓你拿這麼多的薪水，我就不能讓別人拿的比你更高？再這樣下去，你這個銷售冠軍還能保持多久？」還沒等小趙開口，坐在老闆椅上的經理就是一陣連珠炮般的轟炸，說完還把一遝厚厚的報表扔在小趙面前。

「經理，我……」小趙本想趁這個機會就此事與經理正面溝通。

「什麼都不用說了，回去好好反省吧。我再給你一個月的時間，要是下個月你的業績還不能提升，那我就要扣你的年終獎金了。好了，你先出去吧。」經理不耐煩的擺手示意欲言又止的小趙出去。

一肚子委屈的小趙無奈走出經理辦公室，回想起經理那咄咄逼人的架勢，他心裡十分惱火。自己從公司創業到現在一直風雨無阻、任勞任怨的開發新客戶、鞏固老客戶，拓展了公司近百分之三十的現有市場，客戶的投訴率一直保持在全公司最低，年年被評為優秀員工，而這些經理好像全都忘記了。這個月小趙被經理分派到剛開發的新市場，客戶數量不多，但與前期相比，現在正以百分之十的速度成長。再加上本月由於公司總部發貨不及時，有很多客戶臨時取消訂貨單，銷售額與成熟市場 當然不能比，而小李是新員工，一開始就被安排到原有的老市場，客戶源穩定，客戶關係網堅固牢靠，加上市場形勢大好，自然豐收在即。小趙覺得經理只看數字，不問事實，真是太不公平了，真想辭職走人。

顯然，事例中這個銷售部經理的批評並沒有達到積極的效果，它不但沒有激發小趙的積極性，還嚴重損傷了他的工作熱情。

批評是一個敏感的話題，哪怕是輕微的批評，都不會如讚揚那樣使人感到舒暢。如果管理者態度不誠懇，或者居高臨下，冷峻生硬，就會引發矛盾，產生對立情緒，使批評陷入僵局。因此，批評必須注意態度，誠懇而友好的態度就像一劑潤滑劑，往往能使摩擦減少，從而使批評達到預期效果。

管理者對下屬提出的批評不能是隨意而為的，適時、適度的批評會顯得溫馨而易於讓人接受，這不只能讓下屬認識到自己的問題所在，還可以對其工作產生積極的激勵作用。

有一次，某公司的一個職員以參加其祖母的喪禮為由請了一天的假，結果此事被其上司戳破了。

等這位職員回到公司之後，上司問他：「你相信人會死而復生嗎？」

還沒有反應過來的職員沒有怎麼思索就答道：「當然相信。」

「這就對了，」上司微笑著說，「昨天你請假去參加祖母的喪禮，今天她就來看望你了。」

這位上司將對下屬的批評很好的融入到開玩笑式的幽默之中，既能達到批評下屬的目的，又能夠讓下屬明白上司用幽默來處理此事的深意。這樣的上司無疑會和下屬相處得非常融洽，從而使上下級的關係更為密切。

人在本性上都是不願受到指責、批評的，不管你說的對不對，都可能讓人不舒服，但是，批評如果注意方式方法，則能讓人欣喜感慰著接受的，這就要求管理者能使批評達到春風化雨、甜口良藥也治病的效果。

小趙上班經常遲到，理由也是花樣百出，什麼塞車、身體不適、隔壁鄰居有困難需要幫助……連經理都佩服她怎麼能想出那麼多的理由。

這一天，到了下班時間，經理不經意的走到小趙的座位旁邊問：「小趙，今天晚上有什麼事情嗎？」

小趙完全想不出經理這麼問的理由，只好老老實實回答：「沒有什麼事情。」

「那麼就請你早點睡，我不想看見你明天再遲到。」

其他同事都偷偷捂著嘴笑，小趙也尷尬的笑了笑，此後小趙遲到的次數明顯減少。同事們以此打趣小趙時，小趙說：「經理都那樣寬容我了，我怎麼好意思再遲到？」

這位經理很有批評的技巧，用笑談的方式消除了小趙的情緒反彈，讓她切實的改正自己的錯誤。這樣的管理者，當然會為大家所接受、歡迎和擁護。所以，作為管理者，在與下屬談話時，盡量讓自己的批評婉轉，才能贏得下屬的好感和尊重。

管理者批評下屬的基本原則

批評下屬是職場生活中常見的一幕，但是不同的管理者，批評下屬的方式不同，獲得的效果也不同。有的管理者批評下屬時，大吼大叫，甚至威脅下屬，完全不給下屬解釋和說明的機會。這樣的做法，即使下屬真的有什麼錯誤，他們也不會真心接受，只會對上司心生怨恨，為以後的工作開展製造障礙。嚴重的還會影響整個部門的工作情緒，降低團隊工作效率。

一次，王經理怒氣衝衝的走進辦公室，啪的一聲將一份報告摔在祕書小趙的桌上，辦公室裡的幾個人同時都愣住了。王經理以為這是個懲一儆百的好機會，接著大吼道：「你看看，做了這麼多年，竟寫出這樣空洞無物的報告，送到總經理手中，一定會以為我們都難勝其任！以後，腦子裡多裝點工作，上班時間精神振作一點。」說完，他一甩手走了，把個小趙晾在那裡，尷尬異常。過後，王經理以為辦公室的工作效率會提高，可事與願違，大家都躲著他，布置工作，不是說沒時間，就是說手頭有要緊事。王經理這才突然意識到此舉不明智。

看來，批評下屬是需要一定的技巧，運用了正確方法，可得到積極效果，相反只會使事情更糟。那麼，什麼樣的方法易於對方接受呢？管理者需要把握以下幾點：

1. 批評找對事實依據

管理者在批評下屬前，先要深入了解事實真相。真相往往隱藏在表象之後，只有透過細緻入微的分析，多方位多層次的綜合，加之以理性的判斷才可能浮出水面。因此管理者不可先入為主、主觀猜測，而須秉持公正無私之心，這是確保批評順利進行的前提條件。

2. 批評要找準時機

管理者批評下屬要找準時機，既不能太早，也不能太晚。心理學研究的成果告訴我們，語言的「分量」是隨機而分輕重的。這主要決定於所說的話語對聽者切身關係的大小，聽者對話語的精神準備程度，外界環境的情況，以及聽者興奮性刺激物和抑制性刺激物的多少等條件。批評也是如此。若實施太早，條件不成熟，往往達不到預期目的。例如：兩位下屬剛吵過架，情緒因受刺激正處於極度興奮狀態。這時若管理者對雙方馬上施以劈頭蓋腦的批評，不但對問題解決無益，還會「引火焚身」，招致自身麻煩，導致他們遷怨於自己，使自己不得超脫、陷入下屬的矛盾糾紛。正確的辦法應是先「掛」起來，進行「鈍化矛盾」的「冷處理」。待到雙方都心平氣和時，再順勢著手解決。

3. 批評要剛柔相濟

批評是一件嚴肅的事，既不能輕描淡寫，也不能草率從事，要認真對待，觸及靈魂。一團火氣斥罵的批評方式，拍桌子打板凳，不但不能解決存在的實際問題，還會給下屬留下極壞的印象。而對那些犯有嚴重錯誤，影響極壞而又屢教不改的人，千萬不能用溫和的言語進行批評，要用嚴厲的語言和嚴肅的態度，一針見血的進行批評。但這種一針見血的批評不是為了罵人，是救人。所以管理者在批評下屬時，既要講原則又要講團結，既要嚴，又要慈，剛柔相濟，言之有威，一針扎進去了別忘了再幫他擦擦血。

4. 批評要以理服人

批評能不能奏效，關鍵在於管理者能否以理服人。有些管理者總是忘不了自己大小是個「官」，下屬一旦有錯，總是居高臨下，盛氣凌人，好擺官架子，好拿當官的腔調，動輒訓人。其實，有些人犯了錯，在你沒有批評他之前，他早有自知之明了，也許還想好了彌補的措施。可面對官氣十足者的訓斥，反而會產生逆反心態，「就是不服氣」，甚至唱反調。人非草木，孰能無情？只要曉之以理、動之以情、言辭懇切，把批評融進關切之中，既指出問題，也幫助分析問題產生的原因以及任其下去可能會造成的影響，同時給予熱情的勉勵和殷切的期望，讓下屬從內心裡感到你是在關心他、愛護他，是在真心實意的幫助他修正缺點、改正錯誤，這樣才能真正達到懲前毖後、治病救人的目的。

5. 批評的重點不在錯誤

很多管理者在批評下屬的時，往往把重點放在對方的「錯誤」上，卻並不指明對方應如何去糾正，因此收不到積極的效果。積極的批評，應在批評時，提出建設性意見，以利對方改正。被批評者也會更加認識到你批評得很有道理，心悅誠服。

6. 批評要適度

下屬犯了錯誤，批評當然還是要有的，但是一定要適度，並且要講究批評的技巧，一而再、再而三的對一件事做同樣的批評，會使下屬從內疚不安到不耐煩再到反感討厭。為避免這種超限效應的出現，做管理者的應堅持對下屬「犯一次錯，只批評一次」。再次批評也不應簡單的重複，而要換個角度、換種說法，這樣下屬才不會覺得同樣的錯誤被「揪住不放」，厭煩心理會隨之減低。

批評切記傷害下屬的自尊心

批評下屬是一件不太輕鬆也不容易的事情，有時會令那些缺乏管理知識和經驗的管理者感到無所適從。但是，誰都會犯錯誤，批評也是一種藝術。如果管理者不懂得如何批評下屬，就有可能降低部門的工作效率，甚至影響整個團隊的工作情緒。

在一個團隊中，管理者無疑占有絕對的權威地位，作為下屬一般都只有服從的份。這就使得一些擁有絕對權威的管理者往往口無遮攔，對下屬想說什麼說什麼，甚至在大庭廣眾之下厲聲斥責，一點面子也不給下屬留。

其實，下屬和管理者一樣，都是有面子的人，也都愛面子。面對管理者的蠻橫，他們會產生強烈的反向心理。所以作為管理者，不論在任何場合，對下屬說話都要留面子，不要將話說得太絕。

有一次某大型鋼鐵集團電工在處理電器線路時，遇到了技術上的問題，結果比原計畫遲了十分鐘才修好，惹得那個主管很不高興？對著辛辛苦苦、加班連續工作了近十三個小時的電工大聲吼道：「你們都是一群豬，只知道拿錢不會工作的豬！為了懲罰你們的失誤，我要讓你們電工組全體人員和鉗工組集體對換。」

隔行如隔山，電工和鉗工是兩個專業性很強的工種，讓他們對換，簡直是胡鬧。這樣不僅不利於企業生產，而且還會使企業陷入癱瘓狀態，直至關門倒閉。面對這樣近似荒唐的做法，幾個副職和電工、鉗工班的班長，希望那個主管收回成命，結果吃了閉門羹：「難道我一個堂堂的主管，說話就不算數了嗎？難道你們不把我放在眼裡，想造反嗎？不想做，都給老子滾蛋。」

工作中，下屬可能會有意無意的犯錯，使管理者不得不對其進行批評，但是必須注意應該就事論事，避免傷害到其個人的信心，不能侮辱下屬的人格，更不能使用汙穢難堪的字眼。人人都有自尊心，即使犯了錯的人也是如此。管理者在批評時要顧及下屬的情感，切不可隨便加以傷害。否則，不僅達不到懲前毖後的效果，反而會為自己無故樹敵，增加工作阻力。

法國飛行先鋒和作家安托・德・聖蘇荷依說過：「我沒有權力去做或說任何事以貶抑一個人的自尊。重要的並非我覺得他怎樣，而是他覺得自己如何，傷害他人的自尊是一種罪行。」保護下屬的自尊心，這是很重要的。當管理者需要批評或懲戒他人時，應該記住這一點。批評下屬也是一門學問，如何對待犯錯誤的下屬，是管理者必須謹慎對待的一個大問題。

1. 尊重是批評的前提

每個人都有自尊心，管理者批評下屬同樣應在平等的基礎上進行，態度上的嚴厲不等於言語上的惡毒，切記只有無能的管理者才去揭人瘡疤。因為這種做法除了讓人勾起一些不愉快的回憶，於事無補；而且除了使被批評者寒心外，旁觀的人也一定不會舒服。同時，恰當的批評語言，還透示出了一個管理者的心胸和修養。所以，批評下屬時絕不可惡語相向，不分輕重。

首先，要尊重被批評者的人格，不要說諸如「愚蠢」、「笨蛋」等汙辱人格的人身攻擊，而應使用委婉的語氣去批評人，讓他感覺到主管對自己並沒有因為過錯而輕視。其次，盡量不使用比較法來批評，因為這種比較實質上就是要證實被批評者的無能和愚蠢，是藉機攻擊他的自身價值，損傷了他的自尊心。

對於一個講究批評藝術的管理者來說，正確而有效的批評就是充分尊重被批評者，以一種平等的身分，讓他知道你所批評的是他做錯的那件事，絕不是他這個人。

2. 不要在眾人面前斥責下屬

管理者當眾批評下屬的行為，是絕對不可原諒的。用這種方法批評下屬，不僅打擊下屬士氣，增加其心裡負擔，讓其面子上過不去，還會造成對方頑強的反抗。所以，批評下屬，應私下進行，不能隨心所欲，張口就來。另外，批評時最好選在單獨的場合，你的獨立的辦公室、安靜的會議室、午餐後的休息室，或者樓下的咖啡廳都是不錯的選擇。

3. 批評時要控制好個人情緒

對於管理者來說，控制住情緒是極其重要的。一般來說，在批評前先以一個穩定的情緒看待員工的錯誤，想到批評的目的是為了幫助對方改正錯誤，告誡自己不要只圖一時痛快而大發雷霆。其次，要明白對方雖然是你的下屬，你有批評的權力，但在人格上他與你是平等的。在批評中如果對方的態度不好可能會讓自己極為生氣，這時不妨結束談話，或者透過別的事情來轉移一下注意力，切忌因發怒而讓批評毫無效果。

4. 批評不是責罵

責罵是最直接的批評方式，也是最愚蠢的批評方式。一些管理者以為自己能夠位高於數十人以上，乃無上權威的事，拍案叫罵更是威風八面，眼看下屬跟自己談話時態度戰戰兢兢，心中更感得意。有句諺語說「當面怕你的人，背後一定恨你」，罵儘管罵，他們暗地裡可能為了報復而做著對公司不利的事，心地善良的下屬則另謀去路，公司的員工很少做得長久，人才也難以培養。

5. 不要諷刺下屬

運用諷刺在上級和下屬之間是很容易出毛病的，所以，若沒有十分把握，最好不要冒險。尤其是不要作遭人反感的諷刺。比如：有的主管看到下屬因工作不順利而志氣消沉時，會半帶揶揄的說：「這麼優秀的人才，也會有失敗的時候啊。」或者說：「為什麼這麼沮喪，失戀了嗎？」聽到這種話，有的人可能會付諸一笑。但較敏感的人就會說：「別諷刺人好不好？」即使當面不說什麼，心裡也很反感。所以，諷刺是不能隨便用的。口齒伶俐的主管尤其要注意，不要光顧賣弄口才，反而把下屬給得罪了。

6. 不要威脅下屬

威脅下屬是很容易讓下屬產生「仗勢欺人」的感覺，同時難免會造成管理者與下屬的對立。這種對立會極大的損傷了部門內部的團結和合作。假如下屬感覺到自己的尊嚴和人格受到了侮辱的話，則很難想像出，他能再一心一意為公司工作。

7. 不要責備已經認錯的人

有些管理者似乎喜歡「痛打落水狗」，你越是認錯，他咆哮得越是厲害。他的心裡是這樣想的：「我說的話，你不放在心上，出了事你倒來認錯，不行，我不能放過你。」這樣的談話進行到後來是什麼結果呢？一種可能，是被罵之人垂頭喪氣，假若是女性的話，還可能嚎啕大哭而去；另一種可能，則是被責備之人忍無可忍，勃然大怒，重新「翻案」，大鬧一場而去。這時候，挨罵下屬的心情基本上都是一樣的，就是認為：「我已經認了錯，你還抓住我不放，實在太過分了。在這種主管手下做事，叫人怎麼過得下去？」性格比較怯懦的人，因此而喪失了信心，剛強的便發起怒來。顯然，管理者這麼做是不明智的。

8. 批評要對事不對人

管理者批評下屬，目的在於指出並糾正下屬的過錯和失誤，或制止和修正下屬違反團隊規章制度的行為。批評的對象，是下屬的行為，而不是下屬的人格和特質。所以作為一名管理者，你訓誡的是過錯的行為，而不是有過錯的人。

在批評時，管理者避免向下屬說這樣的話：「我從未見過像你這樣把事情弄得如此糟糕的人」或「整個部門就數你最差」等。這些帶有侮辱性的語言，只會激起對方的對抗心理，讓人懷疑管理者的批評動機。這不僅不利於對方認識錯誤，改進工作，還可能會情勢惡化。

總之，在實施批評的過程中，我們一定要記住針對的是一件事而不是一個人，對員工出現的失誤和錯誤，既要分清性質、程度和危害，不失時機的予以教育處理，又要與人為善，留點面子，不傷其人格，避免方法不當而情勢惡化，以至產生頂撞、對立的後果。

批評的方式要因人而異

批評也是管理者開展工作的手段之一，其目的就是為了限制、制止或糾正下屬的一些不正確的行為。作為一個企業管理者，批評的同時應該盡量減少批評所產生的副作用，減少人們對批評的排斥感，從而保證批評效果能盡可能的理想。「真誠的讚美使人愉悅，真誠的批評則能夠催人奮進。」管理者要管理好自己的下屬，就要掌握正確的批評藝術。其中一個重要原則就是批評人要情得因人而異，針對不同的下屬，採取適宜的方法。

有這樣一個例子：

某設備加工廠的小李和小張，在同一生產線工作，小李比小張早兩年進廠。在生產操作中，她們都出現了錯誤，而且所犯錯誤都是相同的。

生產線張主任針對這樣的情況，對兩個當事人採取了不同的批評方式。

因為小李是老員工，所以他狠狠的批評了小李一頓，但對小張只是指出了她操作不當，還安慰她不要性急，要慢慢學習，熟悉工作。

小李很不服氣，找張主任提出意見。張主任對她解釋說：「這種錯誤出現在你身上是不應該的，你是一個老員上，對操作不能說不懂，更不能說不熟悉工作，出現錯誤其實是你工作態度的問題。而小張是新來的人，性質和你不一樣，你說是不是？」小李聽了主管的話也變得沉默不語了，她默默的接受了批評，無法否認的覺得主任說的很對。

由此可見，批評也要因人而異，就算是同樣的錯誤，但發生在不同人的身上，其實也還是有各種各樣的差異的，所以管理者批評下屬的時候，除了要顧及下屬們的自尊心，還要對他們的心理和性格進行了解，並考慮對什麼下屬用什麼批評方式。如果方式採取不當，很可能無法達到批評的目的，還導致產生一些不良的後果。

不同的人由於年齡、閱歷、文化程度、性格特徵等方面的不同，接受批評的態度和方式也迥然不同。這就要求管理者對下屬實施批評時，必須充分考慮到被批評者的實際情況，採取不同的批評方式。

對於性格開朗、坦率直爽、心態較好的下屬，採用直接式批評。這種人知錯能改，喜歡直來直往，而不喜歡拐彎抹角。對於這種人，明確指出其錯誤和缺點之所在、性質、危害及糾正辦法，使其很快抓住要領，他倒容易接受。相反，過多繞圈子、轉彎子，倒會使他感到納悶，產生誤解，認為這是上司對自己不信任的表現。

對於那些思維敏捷、一點就透、接受能力強，而又自尊心較強的下屬，應採取間接式批評。管理者採用提醒、暗示、含蓄的語言，將錯誤和缺點稍稍點破，他們便會順著管理者的思路，找到正確的答案和改正錯誤的辦法。

對於脾氣急躁，容易情緒化，易被言語激怒的下屬，採用商討式批評。其特點是：批評時管理者要平心靜氣，語言緩和，以商量、討論問題的方式，把批評的資訊傳達給他們。

對於資歷淺薄，盲目性大，自我認識能力差，理智感弱的下屬，最好採用參照式批評。其特點是，在批評時，不是直接涉及被批評者的要害問題，而是運用對比方式，透過建立參照坐標系，來烘托出批評內容。

對於一些缺乏信心、有自卑感、感情脆弱的下屬，採用在表揚基礎上批評的方式。其特點是，寓批評於表揚之中，以表揚為前奏匯出批評，把表揚和批評結合起來進行。

對於那些臉皮薄、愛面子、自尊心強且錯誤較多下屬，最好採用梯次式批評。其特點是把要批評的問題，分成若干層次、若干階段解決。透過逐步輸出批評資訊，有層次的進行批評，使犯有錯誤的下屬有一個心理緩衝餘地，有一個認識提高過程，從而一步步的走向管理者所期待的正確結論。

總之，管理者批評下屬要懂得因人而異，針對不同的下屬，採取適宜的方法。

批評無痕，巧用暗示法

在日常工作中，管理者常常會用到批評這種手段，但有些管理者批評起人來簡直讓人無地自容，下不了台階。其實，這種批評方式不但無法達到讓他人改正錯誤的目的，而且有礙於你的人際關係，嚴重時甚至會毀掉一個人。因此，管理者要學會巧妙的批評，讓他人既意識到自己的錯誤，同時也理解你善意批評的意圖，使他內心裡對你心存感激。批評最好的方式就是進行暗示。

某公司主管正在集中精力、全身心的投入到一份重要文件的處理中，可祕書卻三番兩次去干擾。她以為是好意，要麼問問是否用咖啡，要麼去打聽一番主管的工作進程，要麼去訴說幾句對主管工作精神或效率的奉承話。為了避免祕書的再次打擾，這位主管說:「我看王祕書倒是很好！安安靜靜的。」祕書聽後，心領神會，不再去打擾主管工作了。

該主管巧用暗示式批評，即使祕書保住了面子，維護了自尊，同時也令下祕書識到了自己的錯誤，能使她積極主動的改正錯誤。這可謂是種「一箭雙鵰」的做法。

大多數人都是要面子的，所以批評應該點到為止，不用太露骨。只要稍微暗示，旁敲側擊，大家都會明白，下次便不會再犯。而且這種批評方式也能顯示出批評者說話的技巧和魅力。

身為管理者，一定要掌握批評的藝術，當面指責下級的錯誤，往往只會招來對方頑強的抵抗情緒，而巧妙的暗示對方注意自己的錯誤，則會受到愛戴。最為高明的批評方法是根本不用「批評」二字，而是逐漸「敲醒」聽者，啟發他做自我批評，自我反省。

1. 以故事暗示。透過說故事的形式來表明一個道理，既生動形象，又富有感染力，可以較好達到批評教育的目的。

一天，某機關一名部門負責人用命令的口吻，讓另一名部門的科員將接待室的門窗擦一下。這名科員想，我又不是你們部門的，憑什麼對我指手畫腳，就沒有去做。

科長見叫不動這名科員，覺得很沒面子，就和他吵了起來，從此兩人結下了梁子。日後，兩人總是過不去，科長不斷找該科員的碴兒，而科員也經常明槍暗箭的對這位科長實行反擊。

經理經理知道事情的緣由後，將這名科長叫到自己的辦公室，給他講了一個故事：一隻鼬鼠向獅子挑戰，要和牠一決雌雄，獅子拒絕了。鼬鼠說：「怎麼，你害怕嗎？」獅子說：「非常害怕。如果答應你，你就可以得到曾與獅子比武的殊榮；而我呢，以後所有的動物都會恥笑我竟與鼬鼠打架。」

故事講完，經理語重心長的說：「你的能力是有目共睹的，作為科長，與普通科員計較，只會降低你的威信。對手選對了，會促使你不斷進步；選錯了，也許會誤導了你的人生方向。」經理的一番話讓科長如夢初醒，他慚愧的說：「我會牢記經理的忠告，今後絕不再犯類似的低級錯誤。」

2. 以笑話暗示。笑話，言辭詼諧，語調幽默。一則恰當的笑話暗示，能引來被批評者愉快的笑聲，能使被批評者在交談中心與心交融，情與情溝通，不尷尬，易接受。

某公司幾位老同事反映，晚上住在宿舍樓上的年輕人不注意保持安靜，老同事在樓下睡不好覺。

經理和這些年輕人閒談時，講了一則笑話進行暗示：

有個老頭神經衰弱，稍有響動，就很難入睡。恰好樓上住了一個經常上晚班的小夥子。小夥子每天下班回家，雙腳一甩，將鞋子「噔噔」踢下，重重的落在地板上，每次都將好不容易才入睡的老頭驚醒。老頭為此向小夥子提出了抗議。

當晚小夥子下班回家，習慣性的把左腳一甩，突然記起老頭的話，於是輕輕的放下第二隻鞋。第二天一早，老頭埋怨小夥子：「你一次將兩隻鞋甩下，我還可以重新入睡，你留下一隻不甩，我等你甩第二隻鞋子等了一夜。」

笑話說完，年輕人哄堂大笑後，悟出了笑話所指，以後就注意了。

3. 以逸聞暗示。名人，是歷史和社會造就的一代傑出英才，他們知識淵博，才華橫溢，以名人的逸聞趣事進行暗示，能使被批評者在聽取批評意見時，有一種類比的心理自豪感，不覺得委屈，樂於接受，並且印象深刻。

宋朝知益州的張詠，聽說寇準當上了宰相，對其部下說：「寇公奇才，惜學術不足爾。」這句話一語中的。張詠與寇準是多年的至交，他很想找個機會勸老朋友多讀些書。

恰巧時隔不久，寇準因事來到，剛剛卸任的張詠也從成都來到這裡。老友相會，格外高興。臨分手時，寇準問張詠：「何以教準？」張詠對此早有所考慮，正想趁機勸寇公多讀書。可是又一研究，寇準已是堂堂宰相，居一人之下，萬人之上，怎麼好直截了當的說他沒學問呢？張詠略微沉吟了一下，慢條斯理的說了一句：「《霍光傳》不可不讀。」回到相府，寇準趕緊找出《漢書．霍光傳》，從頭仔細閱讀，當他讀到「光不學無術，闇於大理」時，恍然大悟，自言自語的說：「此張公謂我矣！」是啊，當年霍光任過大司馬、大將軍要職，地位相當於宋朝的宰相，他輔佐漢朝立有大功，但是居功自傲，不好學習，不明事理，這與寇準有某些相似之處。因而寇準讀了《霍光傳》，很快明白了張詠的用意。

先表揚後批評，減少對方的排斥感

每個人都會犯錯，你的下屬當然不會例外；重要的是，你一定要學會用先表揚後批評的方法幫助下屬改正錯誤。

這種先表揚後批評的方法，實際上就是一種欲抑先揚的方式，即在批評別人時，先找出對方的長處讚美一番，然後再提出批評，最後再使用一些鼓勵性的詞語。這種方法使人認為你的批評是公正客觀的，自己既有過失，也有成績。這樣就減少了批評所帶來的排斥感，能達到良好的批評效果。

某主管發現祕書寫的總結有不到之處。他是這樣批評祕書的：「小張，這份總結總的來說寫得不錯，思路清楚，重點突出，有幾處寫得很有見地，看來你下了工夫。只是有幾個地方提法不太合適，有些言過其實，有的地方尚缺定量分析，麻煩你再修改一下。你的文筆不錯，過去幾次寫總結也是越修改越好，相信你這次也一定能改出一個好總結來。」

這樣說，祕書會感到主管對自己很公正、很器重，充滿期望和信任，因而就會很賣力的把總結改好了。

成功學大師戴爾．卡內基指出：「當我們聽到別人對我們的某些長處表示讚賞之後，再聽到他的批評，心裡往往會好受得多。」因為在我們聽到他人讚美時，會產生一種積極、快樂的情緒體驗，在此心理情況下，再聽到他人的批評或者是規勸，那麼就比較容易接受。這就像一枚苦味的藥丸，外面裹上糖衣，可以讓人感到一絲的甜味，容易一口吞下去，藥物進入胃腸，才能夠達到一定的效果，治癒「疾病」。

有位女打字員，打字總是不注意標點符號，辦公室主任非常生氣，他批評了很多次，但還是一點作用也沒有。有一天，主任看到女打字員穿了件新衣服，就對她說：「你今天穿了這樣一套漂高的衣服，更顯示了你的美麗大方。」女打字員忽然聽到主任對她這樣讚美，受寵若驚。主任接著說：「特別是你這排鈕扣，點綴得恰到好處。因此我要對你說，文章中的標點符號，和你衣服上的扣子是一樣的，注意了它的作用，文章才能夠表達得更漂亮或者說更加清楚。」從那以後，這位女打字員改正了她的毛病，很少出現以前的錯誤了。

人往往喜歡被別人讚許與肯定，而不喜歡受到責備與批評，這是人的本性。人在本能上對批評都有一種排斥心理，人們總是喜歡為自己的行為辯解，尤其是一個人在工作中已付出很大努力時，對批評就更敏感，也更喜歡為自己辯解。而採用先讚美後批評的方法，讓批評者在誠懇而客觀的讚揚之後再進行批評時，他們會因為讚揚首因效應的作用，而覺得批評不那麼刺耳。

在使用先讚美後批評的方法時，先要肯定下屬，最好針對他的實際情況進行整體的讚許，然後，抓住一個細節進行放大，也就是將下屬的優點放大，讓下屬感覺到你在時時刻刻的關心著他，同時自身的價值也得到了你的肯定。接著就漸漸引入到重點內容，指正下屬的缺點或不足。在此之前你應該替下屬辯解，讓其知道你在任何時候都是站在他的角度上。最後，給予下屬於勉勵和期盼，讓其充滿信心的投入到以後的工作中，並根據你的引導積極改正缺點。

某公司的女經理精明強幹，手下的一班幹將都十分出色。但前不久，她的一名助手因為遷居別處而辭職了，接任的是一名剛剛畢業的女大學生。這位新來的大學生，可讓女經理傷了腦筋，她做事粗心緩慢，常常影印過的資料不加整理便交了出去。辦公桌上常常亂七八糟。打字的時候半天才能打一張，這個人幾乎是一無是處。

開始女經理以為她剛到這裡，不熟悉情況，認為時間一長就會漸漸改變。於是沒有刻意糾正她。可是，轉眼三個月過去了。她的一切還是不見什麼起色。女經理冉也不能縱容她了，於是有一天，她嚴厲的對那個女大學生說：「你這樣做是不行的！」從此，持續大約半個來月，女經理都用這兩句話來責備她。換成其他人，早就辭職了，但是，這個女孩對於這類批評、責備都不以為然，真讓女經理沒輒了。她想做另一番嘗試。

女經理決定改變策略。以後，只要一發現她的優點，就稱讚她。比如稱讚她，「你這頁字打得不錯」。「你把垃圾處理得很好」。就這樣，即使是一件小小的事，女經理也不失時機的對她進行肯定。

出乎意料的是，這個辦法竟然很快奏效了，僅僅十天，那女孩就把過去粗心草率的毛病改掉了很多。一個月後，做出非常顯著的工作成績。

可見，管理者批評下屬的方式是很重要的。如果你不能採取正確的方式改正一個人的錯誤，你就會生氣，你就會不自覺的採取挖苦、諷刺的方式，有時還會說出一些不堪入耳的話。這不但不能達到批評改正的目的，而且還會造成你與下屬之間的衝突。相反，如果你採用先表揚後批評的方法改正一個人的錯誤，就不會毀壞一個人的尊嚴和自尊心，你給他保留了面子，他也更容易接受你的批評。

看來，先讚美後批評的方法是值得管理者借鑒的。如果你想獲得駕馭下屬的能力，就必須學會這種方法。更重要的是，你也會因此掌握了一種激勵下屬改正錯誤而前進的方法。

批評是手段，善後是關鍵

在工作中，管理者對下屬進行批評是很正常的現象，目的是為了做好工作。但從心理上講，人們都希望得到主管的表揚，不願受到主管的批評。無論哪一種形式的批評，在達到一定效果的同時，往往也會引起各種形式的負面效應。因此，為了發揮批評的積極作用，避免批評可能產生的負面影響，管理者在對下屬進行批評後，還要做好善後工作，不要一「批」了之。

日本索尼公司董事長盛田昭夫是一個善於把握批評藝術的成功企業家。索尼公司是靠生產電子產品起家的，隨身聽是該公司的重要產品。一旦問題是本公司產品的子公司，這家分公司的產品是銷售到東南亞的，總公司不斷收到來自東南亞的投訴。後來，經過調查，發現原來是這種隨身聽的包裝上有些問題，並不影響內在品質，分公司立即更換了包裝，解決了問題。可是盛田昭夫仍然糾纏不清。管理員已被邀請參加公司的董事會上，被要求對這一錯誤做陳述。在會議上，盛田昭夫對其進行了嚴厲的批評，要求全公司以此為戒。該經理在索尼公司做了幾十年，第一次在眾人面前受到如此嚴厲的批評，難堪尷尬之餘，禁不住痛哭失聲。

會後，該經理步履沉重的步出會議室，正考慮著準備提前退休。可是董事長的祕書走過來，盛情邀請他一塊去喝酒，該經理哪裡還有這樣的心情，無奈祕書幾近強拉硬扯，兩人走進一家酒吧。經理說：「現在我的頭，被拋棄的人，你怎麼還這樣看得起我。」這位祕書說：「董事長一點也沒有忘記你為公司做的貢獻，今天的事情也是出於無奈。會後，他知道你為這事傷心，特地讓我請你喝酒。」

後來，祕書又說了一些安慰的話，該經理極端不平衡的心態才開始緩和一些。喝酒，他說，在國內銀行的經理。剛進家門，妻子迎了上來對丈夫說：「『你真是受總公司重視的人！」

該經理聽了感覺非常奇怪：怎麼今天妻子也來諷刺自己。這時，妻子拿來一束鮮花和一封賀卡說：「今天是我們結婚二十週年的紀念日，此外，您可能忘記了。」在日本，員工拼命為公司工作，像妻子的生日以及結婚紀念日這樣的事情，通常都難以記起。該經理不明就裡問：「可是這跟我們總公司又有什麼關係？」原來，索尼公司的人事部門對員工的生日、結婚紀念日這樣的事情都有記錄，當有這樣的一天。公司都會為員工準備一些鮮花禮品。只不過今年有些特別，這束鮮花是董事長盛田昭夫特意訂購的，並附上了一張他親手寫的賀卡，勉勵這位經理繼續為公司竭盡全力。

盛田昭夫不愧是善於批評的老手。為了總公司的利益，他的錯誤是可以治療的慷慨，而不僅僅是雇員 但考慮到這位經理是老員工，而且在生產經營上確實是經驗豐富，為了不徹底打擊他，所以採用這樣的方式表達一定的歉意。盛田昭夫經常使用這樣的方式，被索尼公司的許多人稱之為「鮮花療法」。

當下屬犯了很嚴重的錯誤又或是犯了錯誤屢教不改時，管理者適時的發火是必要的。不過，有經驗的管理者在這個問題上，既敢於發火震怒，又有善後的本領；既能狂風暴雨，又能和風細雨。換言之，即在「打」對方一巴掌後，又「揉三揉」，這一「打」一「揉」，既使對方受到了教育，又讓對方感受到了關懷，可謂是批評的最上乘的境界。

日本經營之神松下幸之助曾有一名愛將叫做後藤清一，有一次因為他的疏忽，造成了公司很大的損失，松下派人把他叫到辦公室，劈頭就是一陣臭罵，一邊罵一邊還拿著火鉗，死命的往桌上一直拍，被罵的清一喪氣的準備轉身離去，心頭萌生了辭職的想法。

這時，松下卻將他叫了回來，說道：「等等！剛才我因為太生氣了，所以把火鉗弄彎了，麻煩你幫我弄直好嗎？」清一雖然覺得奇怪，但仍拿起火鉗拼命捶打，而他沮喪的心情似乎也隨著敲打聲慢慢平息。當他把敲直的火鉗交還松下時，松下笑著說：「嗯！似乎比原來的還好，你真是不錯！」清一沒有料到松下會這麼說，然而更為精彩的還在後頭！

清一離開辦公室不久，松下就悄悄致電給清一的妻子，他說：「今天你先生回去的時候，臉色可能會很難看，希望你好好安慰他。」當清一的妻子轉達松下的心意給清一知道之後，清一內心十分感動，除了設法彌補之前犯下的錯誤，從此之後也更加努力工作，報答松下的一片苦心。

批評在達到一定效果的同時，也會引起一些負面效應。管理者應增強批評的後續意識，做好善後工作，使批評的環節得以完善。發火或嚴厲批評是以理服人，善後則是以情感人。一枝一葉總關情。那些真正善於做主管的統帥，在痛斥下屬之後，一般都會立即補上一兩句安慰或鼓勵的話，即使當時沒有，以後也會找機會補上。這樣被批評者就不會有受冷落的感覺，同時也能夠使批評者與被批評者的關係重新走向和諧。

管理者做批評之後的善後時，還需要注意以下兩點：

1. **善後的時機**。批評之後妥當的善後要選時機，看火候，太早了對方火氣正旺，效果不佳；太晚則對方積憤已久不好解決。因此，以選擇對方略為消氣，情緒開始恢復的時候為佳。
2. **善後因人而異**。正確的善後，要視不同的對象採用不同的方法，有的人性格大喇喇，是個粗人，主管發火他也不會放在心裡，故善後工作只需三言兩語，象徵性的表示就能解決問題。有的人心細明理，主管發火他能理解，也不需花大功夫去善後。而有的人則死要面子，對主管向他發火會耿耿於懷，甚至刻骨銘心，此時則需要善後工作細緻而誠懇，對這種人要好言安撫，並在以後尋機透過表揚等方式予以彌補。還有人量小氣盛，則不妨使善後拖延進行，以天長日久見人心的功夫去逐漸感化他。

第六章

布置任務，管理者下達命令的語言藝術

管理者的很多時間都是在對下屬進行管理，其中最普遍、最常見的管理方式就是下達命令。但命令的下達遠不是說兩句話那麼簡單。下達得體的命令就會有好的執行力，反之，糟糕的下達方式會引發下屬的反感和不滿。所以，如何下命令，也是一門學問。

明確發布命令，有效指揮下屬

命令是管理者對下屬特定行動的要求或禁止。命令的目的是要讓下屬照你的意圖完成特定的行為或工作，它也是一種溝通。管理者給下屬下達指令、分派工作任務的同時，也是在考驗管理者的水準與能力。如果管理者無法讓下屬準確的明白你的意圖，就很難想像下屬能圓滿的完成工作。

某位上司對新來的女職員說：「這個文件需要讓董事長過目，你將它漂亮的裝訂一下吧。」結果，這個上司看到她拿來的文件大吃一驚，原來文件上竟然別了一個粉紅色的蝴蝶結，封面上還用紅筆寫著：「董事長親啟。」

女職員的做法雖然有些好笑，但卻給企業管理者一個重要的啟示：給下屬的命令一定要明確，不要產生理解上的誤解。

就企業而言，管理者下達命令時不夠明確，有時會使員工理解不了管理者的意圖，延誤工作，甚至產生更大的反作用力。例如：有的管理者在指示下屬時，常使用一些含糊的用語，「要盡快把這項工作完成」。「盡快」有多快？也許主管的意思是三天，而員工認為一個星期做完就已經是盡全力了。如此「語焉不詳」就會使上下級之間產生不必要的誤會：主管覺得員工不夠努力，而員工認為主管沒有交代清楚，怨不得自己。管理者沒有清晰將命令傳遞給下屬，導致下屬不了解所要執行的命令，執行中必然打了折扣。可見，下屬工作的好壞，基本上與管理者下命令的方法有關。

明確的指令，包括做該事項的目的、內容、有關的時間和地點，以及建議的處理方法。有時候，管理者本身的疏忽，令下屬不能預期做妥工作，反被管理者指責。

某上司對祕書說：「給我致電總行的張經理，約他下星期五到我的辦公室來。」祕書小姐如言電約，但對方稱下星期五要開重要會議，而他過兩天便要到英國出差一星期，建議不如將約會改在明天。祕書想將張先生的話向上司轉述，但是一連兩天，上司均屬假期，根本沒有機會提及。待上司上班時，祕書才將張先生的話複述，此時張先生已身在英國；該上司責怪祕書何以不早說，因為他找張先生，就是要商談有關他到英國後，有事相託的事。

祕書感到沮喪，因為在這件事中，她根本沒有做錯或遺漏，問題只是上司的指令不明確，欠缺了提及找張先生的大概目的，以致祕書在張先生提及去英國時，未能作出及時反應，要張先生直接與主管聯絡。

在我們的實際工作中，常常出現下達的工作指令不能有效的執行，是因為有些管理者下達的工作指令不明確，自身含糊不能明確說明工作的方向、目標、目的，工作的方法、手段、工作採取的措施等原因，自然達不到預期效果。所以，企業的管理者一定要做到指令明確，這樣才能更好的做事。

劉凱文所在的公司計畫搬到一棟大廈裡，劉凱文負責與業務談判、訂立合同以及與傢俱商、裝修公司聯繫等相關事宜。按照計畫，公司搬完家需要四個月的時間，但是就在劉凱文正在選址時，公司來了一位新上司。新上司是劉凱文直屬上司的上司，他直接過問了這件事。他認為四個月內搬完家是沒有工作效率的表現，因而要求劉凱文直屬的上司在兩個月內搬完公司。

劉凱文的上司找到劉凱文，要求他盡快完成搬遷工作。劉凱文知道搬遷工作應該加速進行，但他覺得無論如何也不可能在兩個月內完成。於是他請求上司給予幫助，上司對他說：「你先做幾個方案來，我們再研究研究！」劉凱文回去後，便製作了幾份完成工作的時間進度表，修正後交給了自己的直屬上司。上司看看這個、看看那個，覺得效果相差不大，於是對劉凱文說；「我看幾套方案沒大的差別，你自己選一個決定吧！我會盡量為你爭取時間。」

劉凱文聽上司這麼一說，有些為難，他就是想要一個明確的指示，結果還要自己選取。但是他了解自己的上司，他不喜歡重複說一樣的話，如果問他問得不耐煩了，他很可能會終止自己的任務，另找他人接手。劉凱文想到任務易主，自然心又不甘，於是他幾經比較，終於選取了一套方案來執行。

就在搬遷搬到一半的時候，直屬上司忽然找到劉凱文，對他說；「你是怎麼搞的，竟然用這家裝潢公司？你不知道他們信用差，不給客人用好材料嗎？我上司對我說，他的那間辦公室裝潢太差勁了，不僅材料不好，風格也不是他喜歡的，馬上換一家裝潢公司！」劉凱文這下傻眼了，他對上司說；「不是你要我任選方案執行的嗎？我選這家裝潢公司也算是得到你的認可了啊！」上司一聽生氣了：「你的意思就是我錯了？你在敲定方案的時候有問過我嗎？」劉凱文無言以對。

劉凱文只好又找了一家裝潢公司重新裝潢，結果不但工程要延期，還要賠償公司的違約費，一舉兩失。劉凱文感覺很沒有成就感，工作起來也沒先前幹勁了。

管理者指令不明確很容易使下屬事倍功半，甚至是無功而返。身為管理者，只有指令明確才能使下屬找對方向，順利完成任務。因此，管理者在給下屬下達命令時，要盡量做到清晰、無異議。

有一位企業管理者，因為得不到員工的協助而痛苦，他向前輩訴苦，前輩提醒他：「你在命令員工時，是否明確的指出了命令的內容和目的呢？」經前輩的提醒，這位管理者才突然醒悟，原來在這之前，他從未對員工說明命令的目的。比如：他總是習慣於說：「你抽時間把這份檔整理一下吧。」或者「我覺得這個計畫還有不妥當的地方。」

於是，他開始有意識的去改正自己的缺點，他會說：「這個資料必須在下週舉辦的員工大會上提出，所以，你必須在會議舉行的前三天完成它。」「這則求才啟事除了登報紙，還可以刊登在求職雜誌上，你要考慮到這一點，並且盡快把它做好。」這樣的命令明顯比以前的要清晰準確。從此，他與員工的合作非常愉快。

可見，命令下達的十分清楚明確，下屬的士氣才會大為提升，並且精力充沛。在下命令時，管理者要做到：清楚、完整、簡明和正確，盡可能的排除誤解，保證傳達管道暢通無誤。這樣做可以增進你和下屬的合作關係。

管理者下達命令的藝術

發布命令是管理者的日常工作之一，也是管理者進行有效管理的一個重要技巧。

命令是管人最常見的表現形式，它可以以檔的形式間接下達，也可以以口進的形式直接下達。「有令必行」是管理工作的通則；反之，在執行過程中，命令被打了「折扣」，必定達不到預期的效果。這種「折扣」法，在現代企業管理中時常是有的，或者說使命令在執行過程中走了樣，變了形，致使企業工作難以有效進展。

沃爾森大學一畢業，就開了一家電子科技公司，剛開始有很多合作夥伴支援，業務發展非常迅速，於是沃爾森大規模的擴張。不久公司的資金出現了問題，合作夥伴看到了這種情況，也採取觀望的態度。為了爭取合作夥伴的支援和長遠的發展，沃爾森決定裁員，變粗放管理為精細管理，而且為了怕員工知道公司實情後，會出現跳槽現象的發生，於是打算把這個祕密連自己的祕書都沒有告訴。

沃爾森召開了全體會議，只是下達了決議實施裁員百分之三十的命令，並沒有說明為什麼。消息傳出，人人自危，都在想會不會是我？我最近表現怎麼樣？還有什麼方面做得不好，很多人開始在老闆面前表現自己，更有人找老闆談心、表白忠誠。不過，可喜的是，決議定下來後，大家都拼命的工作，以表示自己的能力和忠心。

一星期後，沃爾森聽到這些消息，又不忍心裁員，怕裁員影響太大，將嚴重影響公司的形象和正常的業務，又再決定減薪百分之五十。決議定，又召開了全體會議，依然只是下達了要減薪百分之五十的命令，同樣也沒有告訴員工為什麼要這樣做。

於是每個員工都在算計自己的薪水，控制自己的開支，公司的士氣一片低落，甚至有人開始找工作。

沃爾森看到這種情況，只好再變制度。為了挽救危機，最後沃爾森又召開了全體員工的大會，會上沃爾森嚴肅的講：「最近公司的決策都不合理，我們是以人為本的公司，員工是我們生存和發展的基礎。企業發展了，員工才能發展。員工滿意了，企業才滿意。對我們來講員工是我們最大的財富！我現在鄭重宣布，我們既不裁員也不減薪。」大家集體起立鼓掌，非常慶幸能擺脫這種厄運。

「不過，大家不要高興得太早，如果我們不控制自己的費用，我們只有死路一條。所以從下個月開始，我宣布每個人的半年薪資先有財務部代為保存，渡過難過後再發放給大家，你們覺得如何？」話還提有說完，很多員工已經起立離開會議廳，甚至有些員工流露出失望的淚水。

沒過多久，員工紛紛找到了自己滿意的工作，脫離了虎口，然而一個曾經輝煌的公司就這樣給倒閉了。究其其原因，和經常變更命令與下達命令原因不清楚有很大的關係。

可見，發布命令不僅是一句話、一張公告，而要懂得一些技巧才行。只有最恰當的命令，最正確的命令，才是最有效的命令。作為管理者應精通此道，否則在工作中，就會走彎路。

一個管理者要想樹立權威，就絕對不要讓你的命令打折扣！因為你的命令從某個方面說是代表了你本人。如果你想要在你所選定的領域中獲得高度的成功，你就必須知道如何透過你的命令指揮控制別人的行為，因為你不能一味靠著蠻力強迫下屬去做你讓他們做的工作，你必須學會如何運用特殊的主管手段讓他們心甘情願為你效力，使他們既尊重你又服從你。

給下屬下達命令並告訴他們做什麼，是一種需要技巧和專長的微妙藝術。管理者在下達命令時，要注意以下幾點：

1. 正確傳達命令意圖

下達命令時，管理者要正確的傳達命令，不要經常變更命令；不要下一些過於抽象的命令，讓下屬無法掌握命令的目標；不要為了證明自己的權威而下命令。

2. 大聲的下達命令

管理者下達命令時，如果聲音太小，有可能被員工誤以為你是在說一件並不重要的事，因此，你必須明確的表示：這是上司在向員工下達命令。

3. 態度和善，用詞禮貌

有些管理者在下達命令時，可能會忘記使用一些禮貌用語，如「小王，過來一下」，「小潘，把文件拿給我」。這樣的用語會讓下屬有一種被呼來喚去的感覺，缺少對他們起碼的尊重。因此，為了改善和下屬的關係，使他們感覺自己更受尊重，你不妨使用一些禮貌的用語，例如：「小王，請你進來一下」、「小潘，麻煩你把檔拿給我。」要記住，一位受人尊敬的管理者，首先應該是一位懂得尊重別人的管理者。

4. 表情嚴肅，並且威嚴的下命令

這並不代表逞威風，你必須讓部屬感受到你的決心和意志：「對於這件工作我很認真，拼了命也要完成它。我絕不會原諒那些企圖違抗命令，或者渾水摸魚的傢伙。」

5. 指令敘述要中肯

為了使指令敘述得簡要中肯，要強調結果，不要強調方法。為了達到這個目的，可以採用任務式的命令。任務式的命令是告訴一個人你要他做什麼和什麼時候做，而不告訴他如何去做。「如何做」那是留給他去考慮的問題。任務式的命令為那些替你工作的人敞開了可以調動他們的想像力、主觀能動性和獨創性的大門。不管你的策略是什麼，這種命令的方式都會把人引導到做事的最佳道路上去。如果你是在為你自己做生意，改善了方式和方法就意

味著增加利潤。

6. 讓下屬複述你的命令

這條規則是絕對不可忽視的。如果你破壞了這個規矩，事情就會出亂子。如果下屬沒有聽明白你的命令，那你肯定不會得到希望得到的結果。所以管理者要使這條規則成為一個硬性的規定去執行。很顯然，當你讓一個人重複你的命令時，他可能會惱怒。他會認為你這是在侮辱他的記憶力和理解力。這個你不用擔心，有一個容易解決的辦法。你只需說：「小王，你重複一下我方才說的話好嗎？我想檢查一下我有沒有遺漏什麼，或者說了什麼不當的情況。」這個問題不就馬上解決了嗎？

7. 向下屬發問，用以證實他們是否聽明白了你的命令

例如：你可以問：「你打算怎麼理解這個問題？小李。」「對於處理這件事你有什麼看法？小張。」或者你可以用下面三種方法中的一種：①「你明白為什麼這個零件要放在最後嗎？」②「你明白為什麼這個小環要放在最前面嗎？」③「你知道為什麼溫度總是保持在二十度嗎？」

8. 記下自己的命令

管理者往往工作很忙，如果下屬很多，有時會忘記自己下達的命令。為了避免這種情況的發生，管理者應該將自己下達的命令記錄下來，寫明下達的對象、命令的內容、完成的標準及回饋時間等等。

總之，發布命令是有學問的，是需要管理者耐心研究仔細運用的，管理者應對之進行有效的研究和使用，使之成為領導成功實現自我的權杖。

管理者委派工作的原則

有這樣一則故事：

有一天，一個男孩問迪士尼的創辦人華特：「你畫米老鼠嗎？」

「不，我不畫。」華特說。

「那麼你負責想所有的笑話和點子嗎？」

「也不。我不做這些。」

男孩很困惑，接著追問：「那麼，迪士尼先生，你到底都做些什麼呢？」

華特笑著回答：「有時我把自己當做一隻小蜜蜂，從片廠一角飛到另一角，搜集花粉，給每個人打打氣，我猜，這就是我的工作」。

童言童語間，一個管理者的角色躍然而出。管理者是團隊的靈魂人物，他不應該是一個事必躬親的忙碌者，而應該是一個善於指揮分配的管理者。

在現代企業的管理中，一個管理者所管的事情是十分繁重的，有經營決策之事、組織指揮之事，一切事情假如都要由管理者來管，而不是把一部分工作委派給下屬，讓他們去辦理，管理者縱使有三頭六臂也是難以勝任的。

現代管理者的一個非常重要的職責就是要把工作委派給別人去做。那麼，管理者怎樣做到有效的委派呢？

1. 選定能夠勝任此項工作的下屬

要做到有效委派，管理者就需要對下屬進行完整的評價。你可以花幾天時間讓每個下屬用書而形式寫出他們對自己職責的評論。要求每位工作人員誠實、坦率的告訴你，他們喜歡做什麼工作，還能做些什麼新工作，然後，你可以召開一個會議，讓每個職員介紹自己的看法，並請其他人給予評論。如果你發現有的職員對自己的工作了解很深，並且遠遠超出你原來的預料，這些人就有可能具有擔負重要工作任務的能力和智慧。

2. 讓下屬明確工作指標與期限

管理者委派工作，必須讓下屬了解自己在工作中必須達到哪些具體目標，以及在什麼時間內完成，清楚了這些才能有基本的行動方向。委派工作不是單單把事丟給下屬，還要讓他明白你期盼些什麼。

3. 讓下屬知道所委派工作的重要性

在向下屬委派工作之前，需要把為什麼選他完成某項工作的原因講清楚。關鍵是要強調積極的一面。向下屬指出，他的特殊才能是適合完成此項工作的；還必須強調你對他的信任。同時，還要讓下屬知道他對完成工作任務所負的重要責任；讓他知道完成工作任務對他目前和今後在組織中的地位會有直接影響。

4. 不要重複委派工作

重複委派工作就是，把一件相同的事情同時交給兩個人做。這會讓這兩個人相互猜忌，懷疑公司、懷疑主管的能力。

5. 委派工作後要充分信任下屬

管理者向下屬委派工作後，就應信任下屬，做到「你辦事我放心」，不得干預下屬在職權範圍內獨立處理問題的權力，更不能不和下屬商量，隨意另行決定和下達指令。只有建立起相互信賴的關係，才能使委派工作順利有效。否則，上級對下屬疑慮重重，事事過問，而下屬對上級也懷有戒心，不敢放開手腳工作了。但是信任又不等於放任，委派工作後還必須對被委派下屬的工作實行必要的監督和控制，如發現問題，應及時糾正；對嚴重偏離目標，力不勝任或濫用權力的下屬，要及時調整更換。

6. 對下屬的能力給予肯定

管理者要肯定的表示自己對下屬的信任和對工作的興趣。像「這是一件重要工作，我確信你能做好它」這樣的話？可以對下屬起很大的激勵作用。

總之，隨著資訊經濟的不斷發展，社會變得更加紛繁複雜，資訊劇增導致管理者工作量倍增，各級管理者尤其較高層次的管理者，必須學會委派工作，減輕人力工作壓力，提高工作效率，使得組織能更好更快的發展。

用商量的語氣下命令

在工作過程中，作為企業管理者，對下屬下達任務，發號施令，這是很自然的事情。可是，怎樣下達命令才會使你的計畫能得到徹底的實施呢？才能使下屬容易接受呢？

有許多企業的管理者喜歡在員工面前指手畫腳，發號施令；或者人頤指氣使，呼來喚去；而自己就靠在軟綿綿的椅子裡，指揮別人去做這個，去做那個。他們經常這樣說：「小王，把這份材料趕出來，你必須盡你最快的速度，如果明天早上我來到辦公室在我的辦公桌上沒有看到它，我將……」或者是：「你怎麼可以這樣做？我說過多少次了，可你總是記不住！現在把手中的活停下來，馬上給我重做！」

當你這樣下命令時，你的下屬一定會臉色冰冷、極不情願接過你派給他們的任務，去完成它，而不是做好它。原因是沒有人會喜歡你這種命令的口氣和高高在上的架勢！

在日常工作中，管理者應盡量少命令，多商量，尊重下屬的人格尊嚴，使之樂於接受，並積極主動、創造性的完成工作。

人們大多數是不喜歡被人呼來喚去的。與其用命令的口吻來指揮別人做事，倒不如採取一種商量的方式，「你可以考慮這麼做嗎？」「你認為這麼做行嗎？」這樣的商量性指令方式，將會使你的下屬有一種身居某個主要位置的感覺並對問題有足夠的重視。

通常意義下，一個管理者用商量的語氣和自己的下屬交談會比命令的口氣達到更好的效果。

有一個員工這樣說自己的上司：他從來不直接以命令的口氣來指揮別人。每次，他總是先將自己的想法講給對方聽，然後問道：「你覺得，這樣做合適嗎？」當他在口授一封信之後，經常說：「你認為這封信如何？」如果他覺得助手起草的檔需要改動時，便會用一種徵詢、商量的口氣說：「也許我們把這句話改成這樣，會比較好一點。」他總是給人自己動手的機會，他從不告訴他的下屬如何做事；他讓他們自己去做，讓他們在自己的錯誤中去學習，去提高。

可以想像，在這樣的管理者身邊供職，一定會讓人感到輕鬆而愉快。

任何一個人都不喜歡聽從於人而是喜歡指揮他人。很多人作為下屬，即使是出於工作的需要，而不得不聽命於上司的安排時，實際上，他們的內心也是很難接受的。所以，你想讓別人用什麼樣的態度去完成工作，就用什麼樣的口氣和方式去下達任務。

管理者最好要多採用「商量」、「建議」式的命令，因為這種方法，能維持下屬的自尊，使他以為自己很重要，從而希望與你合作，而不是反抗你。

在一個盛夏的中午，一群工人在樹蔭下休息著。一位監工走上去把大家臭罵一頓，工人們畏著監工，立刻站起來去工作了。可是當監工一走，他們便又停手了。反覆幾次，這個監工意識到這種命令的方式無法讓工人們持續工作。於是，他換了一種態度，和顏悅色的說道，「天氣真熱，坐著休息還不斷的流汗，這怎麼辦呢！現在這一些工作很重要，我們忍耐一下來趕一趕好嗎？我們早早趕好了，早早回去洗一個澡休息，怎麼樣？」工人們聽完後，一聲不響的忍著暑熱去工作了。

這就是徵求意見之後再給員工下達命令的好處。世界上幾乎沒有任何一個人真正的喜歡聽從別人發號施令，相反的，大多數人更願意別人徵求自己的意見和建議，用協商的口氣與自己交談。這也許是人的共性。

在下達命令之前是否和員工商量，是否徵求了他們的意見，對員工來說完全是兩種不同的感受。不與他們進行任何商量，直接下達命令和任務，員工就會感覺這是在為主管完成任務，即使有一定的積極性，也發揮不出自己的潛能。

但是，如果先同他們進行商量，先徵求一下他們的意見，就會使員工認為這是主管對自己能力的信任和認可；如果員工的意見和主管的一致，或者更好，工作是按照員工的意見來做的，那麼員工也會認為這是自己的意思，是在為自己工作，做好做不好關係著自己在主管心目中的形象和低微，關係著別人對自己的看法，所以就必須做好。這就可以充分發揮員工的積極性，使他們更好的完成任務。

張亮是一家小廠的管理者。有一次，一位商人送來一張大訂單。可是，他的工廠的活已經安排滿了，而訂單上要求的完成時間，短得使他不太可能去接受它。

可是這是一筆大生意，機會太難得了。

他沒有下達命令要工人們加班的工作來趕這份訂單，他只召集了全體員工，對他們解釋了具體的情況，並且向他們說明，假如能準時趕出這份訂單，對他們的公司會有多大的意義。

「我們有什麼辦法來完成這份訂單呢？」

「有沒有人有別的辦法來處理它，使我們能接這份訂單？」

「有沒有別的辦法來調整我們的工作時間和工作的分配，來幫助整個公司？」

工人們提供了許多意見，並堅持接下這份訂單。他們用一種「我們可以辦到」的態度來得到這份訂單，並且如期出貨。

由此可見，管理者在安排下屬去做事時，最好多用一些協商的語氣，讓下屬知道你在安排他工作的同時也是在徵求他的意見，這樣他就比較容易接受，並且能快速有效的完成任務，否則，下屬工作起來也是心不甘情不願的。

在實際工作中，管理者應多用「商量」、「建議」，而不用「命令」。這樣，你不但能使對方維持自己的人格尊嚴，而且能使人積極主動、創造性的完成工作。即便是你指出了別人工作中的不足，對方也會樂於接受和改正，與你合作。所以，如果你要向下屬下達命令，讓他做你想要他做的事或是要他改正錯誤，那就避免使用「命令」的口吻，不妨試試「商量」的方法。

以身作則，讓命令有效執行

身教重於言教，榜樣的力量是無窮的。管理者的榜樣作用是具有強大的感染力和影響力的，是一種無聲的命令、最好的示範。在一個組織裡，管理者是眾人的榜樣，一言一行都被眾人看在眼裡，只要懂得以身作則來影響下屬，管理起來就會得心應手。

三國時期，曹操帶兵軍紀十分嚴明，並且自己也以身作則，帶頭遵守，因此，他的軍隊很有戰鬥力，很快就消滅了多股強大的軍閥割據勢力，統一了北方。有一次，曹操率領士兵們去打仗。那時候正好是小麥快成熟的季節。曹操騎在馬上，望著一望無際的金黃色的麥浪，心裡十分高興。

正當曹操騎在馬上邊走邊想問題的時候，突然「撲刺」的一聲，從路旁的草叢裡竄出幾隻野雞，從曹操的馬頭上飛過。曹操的馬沒有防備，被這突如其來的情況嚇驚了。牠嘶叫著狂奔起來，跑進了附近的麥子地。等到曹操用力的勒住了驚馬，地裡的麥子已經被踩倒了一大片。 看到眼前的情景，曹操把執法官叫了來，十分認真的對他說：「今天，我的馬踩壞了麥田，違犯了軍紀，請你按照軍法給我治罪吧！」 聽了曹操的話，執法官犯了難。按照曹操制定的軍紀，踩壞了莊稼，是要治死罪的。可是，曹操是主帥，軍紀也是他制定的，怎麼能治他的罪呢？想到這，執法官對曹操說：「丞相，按照古制『刑不上大夫』，您是不必領罪的。」

「這怎麼能行？」曹操說，「如果大夫以上的高官都可以不受法令的約束，那法令還有什麼用處？何況這糟蹋了莊稼要治死罪的軍令是我下的，如果我自己不執行，怎麼能讓將士們去執行呢？」「這……」執法官遲疑了一下，又說：「丞相，您的馬是受到驚嚇才衝入麥田的，並不是您有意違犯軍紀，踩壞莊稼的，我看還是免於處罰吧！」「不！你的理不通。軍令就是軍令，不能分什麼有意無意，如果大家違犯了軍紀，都去找一些理由來免於處罰，那軍令不就成了紙上談兵了嗎？軍紀人人都得遵守，我怎麼能例外呢？」 執法官頭上冒出了汗，他想了想又說：「丞相，您是全軍的主帥，如果按軍令從事，那誰來指揮打仗呢？再說，朝廷不能沒有丞相，老百姓也不能沒有您吶！」眾將官見執法官這樣說，也紛紛上前哀求，請曹操不要處罰自己。

這時，曹操便拉過自己的頭髮，用劍割下一綹，高高舉起：「我因誤入麥田，罪當斬首，只因軍中無帥，特以髮代首，如再有違者，如同此髮。」於是人人自覺，小心行軍，無一踐踏莊稼者。

世界上任何一個不斷發展、不斷進取的組織，都不會忽視、漠視榜樣的力量。榜樣是一種向上的力量，是一面鏡子，是一面旗幟。管理者只有以身作則，為員工樹立好榜樣，處處作出表率，才會影響和激勵員工。如果自己都做不到的事情，有什麼理由和資格去要求員工去做呢！

古語說：「己欲立而立人，己欲達而達人」，這句話的意思是說，只有自己願意去做的事，才能要求別人去做，只有自己能夠做到的事，才能要求別人也做到。作為現代管理者必須以身作則，用無聲的語言說服員工，這樣才能具有親和力，才能形成高度的凝聚力。

一九四六年，日本戰敗後，松下公司面臨著極大的困境。為了度過難關，松下幸之助提出「日本的產業恢復將從松下開始。」他要求幹部要率先起帶頭作用，從自己開始，要實行無遲到、無早退全勤的示範。可開始實施的第一天，因司機的疏忽，沒有按時來接他，使他遲到了十分鐘。

按照規定，遲到就要受到批評、處罰，松下認為這件事情必須嚴厲處理。他命令所有與此有關的人員減薪一個月，作為總負責人的他也交出了一個月的薪資。在會上，松下向全體職工宣布：「負責任、率先垂範者賞，不負責任者罰。」從自己開始信賞必罰，賞罰分明。

僅僅遲到了十分鐘，就處理了這麼多人，連自己也不饒過，此事深刻的教育了松下電器公司的員工，在日本企業界也引起了很大的震動。

作為一位管理者，基本素養就是要以身作則，要下屬做到的事情自己首先要做到，這樣才能夠達到良好的帶頭作用。子曰：「其身正，不令而行；

其身不正，雖令不從。」就是說，當管理者自身端正，作出表率時，不用下命令，被管理者也就會跟著行動起來；相反，如果管理者自身不端正，而要求被管理者端正，那麼，縱然三令五申，被管理者也不會服從的。所以管理者做好表率很重要，只有以身作則，作好榜樣才能令行禁止。否則，雖有法令，不能推行。那就不是一個合格的管理者了。

前日本經聯會會長土光敏夫是一位地位崇高、受人尊敬的企業家。

一九六五年，土光敏夫曾出任東芝電器社長。當時的東芝人才濟濟，但由於組織太龐大，層次過多，管理不善，員工鬆散，導致公司績效低落。

土光接掌之後，立刻提出了「一般員工要比以前多用三倍的腦，董事則要十倍，我本人則有過之而無不及」的口號，來重建東芝。

他的口號禪是「以身作則最具說服力」。他每天提早半小時上班，並空出上午七點半至八點半的一小時，歡迎員工與他一起動腦，共同來討論公司的問題。

土光為了杜絕浪費，還借著一次參觀的機會裡，給東芝的董事上了一課。

有一天，東芝的一位董事想參觀一艘名叫「出光丸」的巨型油輪。由於土光已看過九次，所以事先說好由他帶路。

那一天是假日，他們約好在車站的門口會合。土光準時到達，董事乘公司的車隨後趕到。

董事說：「社長先生，抱歉讓您等了。我看我們就搭您的車前往參觀吧！」董事以為土光也是搭乘公司的專車來的。

土光面無表情的說：「我並沒搭乘公司的轎車，我們去搭電車吧！」

董事當場愣住了，羞愧得無地自容。

原來土光為了杜絕浪費，使公司合理化，乃以身示範搭電車，給那位渾渾噩噩的董事上了一課。

這件事立刻傳遍了整個公司，上上下下立刻心生警惕，不敢再隨意浪費公司的物品。由於土光以身作則點點滴滴的努力，東芝公司的情況逐漸好轉。

管理者者要注重自己在組織中的榜樣作用，要清楚自己作為公司或部門的負責人，一舉一動都會受到所有員工的關注，都會影響到員工的積極性及言行。對於管理者而言，如果你想讓員工有效的執行你的命令，重要的是要做到以身示人、以德服人，靠身體力行、以身作則來教育員工，這樣才能達到良好的效果。

靈活多樣地發號施令

在工作中，管理者透過「下達命令」進行有效指揮。發出一個指令是容易的，但要正確且有效的發出指令則是困難的。下達命令的基本要求是發出的指令要正確，要能有效的執行。這就要求管理者掌握一些語言的技巧，靈活有效的發號施令。

1. 發出正確有效的指令

指令要明確、要相對穩定。只有發出的指令是明確清楚的，才能使下級對同一指令產生相同的理解，員工才會有一致的行動。要使指令明確，在發出指令時就要使用準確的詞語，多用資料，減少中性詞彙和模糊語。指令應當包括時間、地點、任務要求、協作關係、考核指標和考核方式等內容。指令還應當簡明扼要，一目了然。

2. 仔細審查指令的可行性

管理者在下命令前，尤應注意這個問題。如果指令變化太多太快，缺乏穩定性，下級就會形成一種採取短期化行為的傾向，以便撈取好處。或者下級根本不信任管理者發出的指令，這就會難以管理和控制。因此，在發出指令前要仔細審查指令的可行性，在執行中可能遇到的阻力，以及處理的方式。向下級解釋清楚指令的內容和要求執行的原因，以統一全員的認識。如在執行過程中發現指令有不切實際的地方，應因事因時而異，區別情況採取不同的補救措施，立即更正發現的原則性的錯誤。

3. 下達命令要察言觀色

下達命令是每個管理者的特權，但是如何更好的運用這個特權，卻往往被一些管理者所忽視。令旗有成千上萬種揮法，但在某時某地某件事上，也許只有一種揮法最恰當，那就是：察言觀色。

管理者下達命令時，最重要的是：先看著對方的眼睛，再簡要的傳達自己的意思。有的管理者在說話時不喜歡看對方，如有這種壞習慣應及時改正。

有的管理者不善於把握下屬特定時刻的心理變化。雖然命令已下，但命令所起的作用還是不能達到令人滿意的效果。所以，一個管理者要善於捕捉下屬細微的情感和心理變化，準確的揣摩下屬的心理活動。下屬在想什麼，他到底想要做些什麼。對於這些，管理者都要有一個心理上的準備。這樣，在下達命令時，就能根據下屬的微妙的心理變化，把命令下達到他想做的事上。

4. 下達命令不要盛氣淩人

管理者在下指示時必須相當慎重。在必要的時候，正確的下達命令，最好本著「我們是夥伴，大家一起努力」的心態，千萬不要盛氣淩人。

下屬中有比你年長的人時，在態度及措辭方而就須留意。尤其要注意，雖然你必須對他下命令，但在平時，仍可表達適當的敬意。

同樣的，對於女性下屬，也要注意自己的措辭。不可太輕浮，也不可太過拘謹。切勿輕浮的要求對方為你辦事。

在工作場合，作為管理者，直呼年長者的姓名並不為過，你不需要為此大傷腦筋。你若表現得太在乎，反而會被誤解為你缺乏自信。因此，即使對方是位年長者，也須明白的說：「某某，這件事由你來完成。」

5. 遵循固有的習慣

作為新上任的管理者，必須注意所管部門是否已經存在的習慣。因為誰也無法保證，現在的情況仍與前任管理者在位時相同。

假設有一件工作一直都是由劉某擔任，你認為即使不特別叮囑，他也會自動參與，但劉某卻毫無動靜。你問劉某為什麼不做，他很可能會冷淡的回答：「因為你沒有指示，所以我沒有做。」

如果你另下指示：「這件工作由馬某負責。」馬某或許會反駁：「那件工作一直都是由劉某負責，這次不是也應讓他做嗎？」

對於固有的習慣，必須仔細考慮後再作決定。若想繼續沿用前例，則必須重新叮囑劉某：「這事繼續由你負責。」

你若打算改變做法，也必須明確的指示下屬：「基於某些因素，我想要作出改變，這件工作以後由某某負責。」給下屬下達工作任務時，必須明確這項工作的負責人。

6. 允許部屬按自己的喜好工作

每個人都有獨特的知識、技能、能力、態度和才能，每個優秀的部屬都是一個特殊的組合，為了最充分利用這些資源，要允許部屬按自己的喜好改變工作方式。

假設下屬朱某擅長文字，那麼朱某在拜訪客戶前，必定會事先寫信或發郵件確定時間，也習慣與對方約定後才動身前往。所以，你不可建議朱某：「那種方式太慢，你要出其不意的去拜訪，而且所有條件都要求對方同意。」被你這麼一說，朱某可能會不知如何處理了。因為他有自己的做事方式，如果你無視這個情況而胡亂下命令，反而達不到目的。

委派工作因人而異

管理者的工作意圖和方案，必須透過下級來貫徹執行。可是往往上級管理者的工作意圖和方案得不到下級支援和贊同，這樣，就需要上級管理者耐心的說服下級，使下級真正在思想上想通了，才能保證上級管理者的工作意圖和方案得到順利的貫徹執行。那麼，上級管理者怎樣才能有效的說服下級呢？

每個人性格、思想、經歷等是各不相同的，因此，對於一個管理者來說，對一個下屬的了解的內容必須包括對對方的真實思想、性格特點、長處與短處、工作中的困難等做到真實徹底的了解。只有全面、徹底、真實的了解下屬，才能有針對性、巧妙的打通下屬的思想，幫助他們建立起完成任務的信心與責任感。

對於那種好勝而自負、進取性極強的雇員，在委派了任務之後，你最好是用一句最簡潔的話觸動一下他那根「好戰」的神經。你可以說：「這個任務對你來說有困難嗎？」在得到他帶有輕蔑口吻的回答之後，你便可以收場了。你太多的叮嚀只會引起他的煩躁，而且還會使他對任務的執行更加不屑一顧。

那些做事缺乏信心，不夠大膽的員工應該是你特別關照的對象，在詳細的說明了工作任務之後，你必須要重重拍拍他的肩膀，讓他的精神狀態振作起來，然後對他說：「這個任務，依你的實力來看，算不了什麼，努力去作吧，你一定會給我們一個驚喜的。」話說完，要迅速給他一個擁抱，再重重拍擊他的背部，這種鼓勵是非常有必要的，員工們會想：只要我加倍努力，必有所得，哪怕失敗了，我還有一個大集體在支持著我呢？

誰都不願意與「唯利是圖」的人打交道，但在一個企業中，講求實惠的員工是大有人在的，他們很可能關心的並不是任務本身，而在於任務背後的物質利益保障，對待這樣的雇員，對任務內容你可以適當輕描淡寫，但也一定要讓他清楚的意識到出色的完成任務是論及其他東西的前提。在你向他傳達完了任務的主旨之後，就進入了他所關心的階段。保持神祕感只有讓他喪失對工作的興趣，不妨就向他挑明完成任務之後能帶來的豐厚物質利益。最好，在完成任務的過程中，再增設一定的物質刺激，並在委派之時，向他說明出色完成意味著什麼。這顯然有助於激勵他漂亮的完成任務！

也許年長的雇員在你的企業裡不多見，他們由於歲數偏大、精力有限，在企業中的地位江河日下，在向他們委派任務之時，就要特別尊重他們的感情與意見，體諒他們的難處。

保持謙虛的態度，是你與歲數高於你的人成功交往的關鍵，清楚仔細的說明任務的每個細節，並及時向他詢問任務執行可行性，以及他們的難處，這樣會使你在委派任務的同時又獲得許多經驗之談。

在委派結束之時，要親切的對他說：「這個任務的完成最需要的就是您的豐富經驗與聰明才智，如果在其他方面有什麼問題或意見，希望您能及時幫我們點出，我們會立刻解決的。」

你的幾句謙遜、噓寒問暖的話語，會讓這些年老雇員的心得以足夠慰藉，也許還會煥發出青年時的幹勁與熱情。

人最大的樂趣就在做他們最想做的事。對於那些本身對所委派的工作就抱有極大興趣的員工來說，任務就是愛好，是他們樂而忘返、得到極大滿足的事物，他們的創造力會在任務的完成過程得以極大的發揮。

你對這樣的員工肯定是愛不釋手的。對他們你也許不必將任務說得太細，因為他們或許會問得你都招架不住！任務解釋清楚之後，你只需謙虛的說一句：「對這種工作，你是專家，全看你的了。」留給他充分的時間與空間去展示他們個人的創造才能！

避免下達強制性命令

在實際工作中，有這樣一些企業管理者，他們常常指定下屬用某一方法去辦理業務，而出於某種原因，下屬可能未必同意他們的觀點，於是，他們便運用強制性命令語氣，下屬往往會屈服壓力，被迫執行，其結果是下屬內心的抵制情緒隨之增加，執行的效果大打折扣。

其實，下達命令是一種領導藝術，是要使別人服從你跟隨你，並且願意按照你的要求做事，合理有效的下達命令是一種語言技巧。不管下屬想法，只發布強制命令，只會扼殺下屬的創造性，打擊下屬的積極性。這樣開展上作，只會引發下屬不滿和反抗。所以，優秀的企業管理者絕不會單純靠命令來管理。

張先生新接手了一個五六百名員上的企業。上一任主管離職時候，不管是在業務上還是在管理上，都留下了很多問題亟待解決。

張先生本人是一個能力很強的人，他做事可以說就像領軍千萬的大將，運籌帷幄之中，決勝千里之外，指揮若定，八面威風。相對的，可能就在態度上顯得是急躁和強硬。

一天早上，公司要開一個十分緊急和重要的採購會議，可是張先生卻在出門前和兒子爭吵起來了。

因為張先生唯一的剋星就是他兒子，就是拿他沒辦法，父子之間的代溝怎麼也無法跨越，幾乎每次見而，沒講三句話就會爭吵。

然而這天，就在雙方都吵得而紅耳赤之際，兒子突然停住了話頭，然後一字一字的說：「爸，我們再這樣吵下去也不是辦法，我能不能請您，把我剛剛說的那句話重複一遍給我聽？」

「啊？！什麼？」張先生有點吃驚，沒想到兒子突然這麼說，「……你說一你說一做父親的這麼能幹，這麼好勝，當然看不起兒子了！」

「不是！我不是這麼說的，您再想想看，我到底說了什麼？」兒子步步緊逼。

「你個渾小子！那你到底說什麼了？你自己說的話，為什麼要我重複？你自己為什麼不再說一遍？」張先生也更怒了。

兒子突然笑了起來，說：「您看爸爸，從頭到尾，我到底說了什麼，您都根本沒有聽，那些話是您自己臆想出來的，其實我根本沒這麼說。您不常說我們缺少溝通、有代溝嗎？那麼，我說過什麼，您重複一次給我聽，然後您再說些什麼，我來重複。」

「什麼！哪有時間在這裡重複來重複去的！你這混孩子真是想氣死我對吧？」

「爸！就就試試看吧！否則這種爭吵今天結束了，明天還會發生，一直沒完沒了的，您再想一想，我到底說過什麼？」張先生只好靜下心來，想了半天，終於承認：「我真想不起來，你再說一遍吧。」

「好，其實我說的是，父親真的很能幹，兒子一方面心裡很佩服，但另一方面，總是怕自己跟不上您的腳步，做不到那麼好，所以心裡都有點兒壓力。」

張先生靜下心來，仔細一想，確實如此，兒子就是那麼說的，而且說的也是合情合理，自己怎麼會變得那麼激動呢？張先生找到了癥結所在，一掃和兒子吵架的疲憊，反而神清氣爽，到公司去上班。

公司的會議需要討論的是，打算採購一千萬元的機器，到底是要用美國貨，還是用日本貨。依採購部的報價，日本的價格便宜，東西也不差，可是總工程師卻主張買美國貨。

會場上，張先生讓總工程師發表意見。因為前一任主管十分專橫，總是自己早有定見，不喜歡聽別人的意見。而新來這位主管似乎也能力十足，脾氣也不怎麼好，總工程師看得出新老闆估計也像上一個老闆一樣，喜歡萬事都做主，問自己想法也只是個形式，因此無精打采的說了不到五分鐘的簡要分析就結束了。

張先生敏銳的發現了員工這樣的情緒，又受到早上兒子交流的震撼和啟發，於是一改常態的說道：

「總工程師，我來重複你的意思，你看我理解的是不是對：日本的機器，價格便宜，東西也還可以，但如果將來出了問題，需要售後服務的時候，問題就比較麻煩，因為語言問題，他們的員工往往無法和我們直接交流，找對精密儀器在行的翻譯又比較困難，而且耗時費錢。機器到底有什麼問題，我們無法充分表達給對方，屢次發生這樣的問題，都要面臨這樣的困難，反而會耽誤生產時間，要是這麼計算的話，還是美國貨更划算和便宜。」

聽著張先生的重複，總工程師的眼睛漸漸亮了起來。他也打起了精神，詳細的介紹了問題，把沒說的問題都說出來了。

作為企業的管理者，當你的下屬不按你的要求去做事的時候，應該找他溝通，而不是以上壓下，以一種絕對不容置疑和不可挑戰的組織原則，強制性的讓下屬接受工作指令。真正優秀的管理者絕不會依賴權力來完成工作，也很少使用強制性的命令。

第七章

情感互動，管理者說話以情感人

「情感」是一種教化與溝通，恰當的運用，能夠有效的解決員工的思想認識問題。這就需要企業管理者與員工經常進行感情的溝通，了解到員工的心理變化和需求，及時採取有效的措施來激勵員工的熱情。在員工需要關心的時候，適時的一句問候，勝過平時的千言萬語。

言談之間，懂得以情動人

情，即情感、情趣，它是人類共同行為的重要基礎，很大程度影響和左右人類的思想行為。

我們常說，「動之以情，曉之以理」、「通情才能達理」。也就是說，感情真摯、態度誠懇、平等待人、親切交心，是與人溝通的重要前提。人都是重感情的，無論是親情、友情亦或是愛情，要征服他人就要懂得從情入手，以情引起人們的關注，讓他人透過你的說話感覺你話裡的真情，當然情要用得恰到好處才是真。

有個計程車女司機把一男青年送到指定地點時，對方掏出尖刀逼她把錢都交出來，她裝作害怕樣交給歹徒兩百元說：「今天就賺這麼點，要是嫌少就把零錢也給你吧。」說完又拿出三十元的零錢。見女司機如此爽快，歹徒有些發愣。女司機趁機說：「你家在哪裡住？我送你回家吧。這麼晚了，家人該等著急了。」見女司機是個女子又不反抗，歹徒便把刀收了起來，讓女司機把他送到火車站去。見氣氛緩和，女司機不失時機的啟發歹徒：「我家裡原來也非常窮困，我們又沒什麼技術能力，後來就跟人家學開車，做起這一行來。雖然賺錢不算多，可日子過得也不錯。何況自食其力，窮點誰還能看不起我呢！」見歹徒沉默不語，女司機繼續說：「唉，男子漢四肢健全，做點什麼都差不了，走上這條路一輩子就毀了。」火車站到了，見歹徒要下車，女司機又說：「我的錢就算幫助你的，用它做點正事，以後別再做這種見不得人的事了。」一直不說話的歹徒聽罷突然哭了，把兩百多元往女司機手裡一塞說：「大姐，我以後餓死也不做這事了。」說完，低著頭走了。

在這個事例中，女司機說話充滿了真情，以情感動了這個歹徒，最終達到了說服的目的。真摯而健康的情感可以感染他人，使之按照講話者的意願去行動。

作為企業的管理者，最經常做的就是對員工進行思想政治工作，調動他們工作的熱情，這就要求了管理者的說辭必須以情動人，因為人是在思想不斷交流中生活的，只有充滿感情的交流才會激起振盪。特別是在針對個別員工的談話中，管理者情真意濃，發自肺腑的言辭，才會引起對方的共鳴。如果在談話中缺乏真實的感情，對方就會引起「戒備」，對你所說的話產生反感。

某公司新來一名大學生，總是獨來獨往，終日不見一絲笑容，不主動跟人說話，顯得架子挺大。同事們都有意疏遠他。而那位大學畢業生卻依然如故，我行我素。這一切都被科長看在眼裡。作為一名富有經驗的主管，這位科長憑直覺認為這位新同事心裡肯定有難言之隱。基於此種判斷，科長便處處留意觀察，並利用一切機會接近他。每天上班時，科長總是熱情招呼他，每次下班，科長也不忘問他一句：「怎麼樣，晚上有什麼活動？」

日子一天天過去，這位科長鍥而不捨的行動終於融化了那位新同事，他向科長吐露了自己的苦衷：他剛失戀，痛苦得不能自拔。聽完他的傾訴，老科長語重心長的開導他說：「生活並沒有對你不公，關鍵是你沒有戰勝自己的不良心態，失戀對你來說固然是個打擊，但一切都可以從頭開始呀。難道一輩子躺在這個陰影下面不出來嗎？你可以不善待你自己，但你應該善待別人，尤其是你的同事，為什麼要把你的不快樂帶給別人呢？」經過科長一番耐心而熱情開導，那位大學畢業生終於茅塞頓開，從此解開了纏繞在心頭的疙瘩，以嶄新的精神面貌投入到工作中，和同事友好相處。

溝通心靈的最好方式就是說話，把話說到對方的心裡，調動對方的感情讓對方產生共鳴，這就達到了心靈溝通的效果。而好的口才的最高境界，就是以情動人。人心都是肉做的，管理者以自己的真誠和關心、愛護下屬，這樣就沒有解不開的心結。在這樣具有人情味的管理者手下工作，人人都會心情舒暢，工作效率必然會提高。

古人云「士為知己者死，女為悅己者容」，「感人心者，莫過於情」。有時管理者一句親切的問候，一番安慰話語，都可以溫暖下屬的心。因此，管理者說話不僅要注意以理服人，更要強調以情感人。感情因素對人的工作積極性影響之巨大。它之所以具有如此能量，正是由於它擊中了人們普遍存在著「吃軟不吃硬」的心理特點。所以，管理者要學會以情動人，透過感情的力量去鼓舞、感化員工。

一九二〇年代末，由於全世界經濟不景氣，曾經暢銷一時的松下國際牌自行車燈，銷售量也開始走下坡路。此時操縱公司命脈的松下幸之助，卻因為患了肺結核就醫療養，當他在病榻上聽到公司的主管們決定將二百名員工裁減一半時，他強烈表示反對，並促請總監事傳達他的意見，「我們的產品銷售不佳，所以不能繼續提高產量，因此希望員工們只工作半天，但薪資仍按一天計算。同時，希望員工們利用下午空閒的時間出去推銷產品，哪怕只賣出一兩盞也好。今後無論遇到何種情況，公司都不會裁員，這是松下公司對員工們的保證。」受到裁員壓力困擾的員工們聽及此，都感到十分欣慰。如此，松下幸之助憑著堅強的意志和敏銳的決斷力，用真摯的情感來打動部屬，挽救了松下電器。從這一天起，眾多的員工們積極的遵照他的命令列事，到翌年二月，原本堆積如山的車燈便銷售一空，甚且還需加班生產才能滿足客戶的需求。至此，松下電器終於突破逆境，走出陰霾。

透過加強與員工的感情溝通，讓員工了解你對他們的關懷，可以讓員工體會到管理者的關心、企業的溫暖，從而激發出主人翁責任感和愛廠如家的精神。那些充滿著真情的話語，總是能打動別人的心扉，達到意想不到的效果。所以，管理者說話時一定要重視情感的力量，若能以真情的話語引起對方的情感共鳴，你的談話必會大獲成功。

事實證明，許多管理者成功的因素之一就是在運用語言時善於以情感人，而不是以權壓人。作報告或演講時，語言樸實無華，親切入耳，具有很強的感染力和凝聚力，能博得群眾的喜愛；在交談中或做思想政治工作時，與人為善，合情合理，運用親切和藹的語言感化人、催化人，具有說得「石人落淚」和化冰消雪的功夫。

妥善處理員工的抱怨

下屬抱怨是管理者工作中經常遇到的一個問題。沒有一個公司的員工是不抱怨的。每個人的利益不同，看問題的角度不同，有些事情考慮不周、處理不當，引發牢騷和抱怨也就在所難免。

當員工認為自己受到不公待遇時，會採取一些方式來發洩心中的怨氣。抱怨是一種最常見、破壞性最小的發洩形式。伴隨著抱怨，可能還會有出現降低工作效率等情況，有時甚至會拒絕執行工作任務，破壞公司財產等偏激行為。管理者大可不必對員工的抱怨產生恐慌，但一定要認真對待。

福利、薪資、工作時間、分配不公、不理解等都可能成為抱怨的主題。一位瑞典的學者曾做過這樣一個調查，他以近兩百名女性職員為對象，進行面對面的談話，結果發現越是對薪資不滿的人，也越是無法熱衷於工作的人。她們口頭上說因為薪資低而無法熱衷工作，實際上他們討厭本職工作的情緒完全超過對薪資的不滿。

可見，員工的抱怨是現象，不是真相。抱怨並不可怕，可怕的是管理者沒有體察到這種抱怨，或者對抱怨的反應遲緩，從而使抱怨的情緒蔓延下去，最終導致管理的更加混亂與矛盾的激化。

劉豔是某公司的一位職工，在那裡工作已經有三年的時間了。第一年的時候，由於運氣不佳，沒能趕上調薪的好機會。原本以為第二年能夠加薪，可是公司只給那些升了職的員工漲了薪資，其餘的人不是維持原狀。於是，她又把所有的希望都放在第三年，可是老天爺似乎偏偏在與她作對，第三年公司的業績出現了下滑，利潤大大縮水，公司明確指出本年任何人都不能加薪。聽到這個消息，劉豔心裡特別不平衡：明明做的是同樣的工作，可自己的薪水卻沒有別人的多，已經工作了三年，沒有功勞也有苦勞吧？為此，她總是在自己的上司面前有意無意的發發牢騷：只知道讓牛拉車，卻不想給牛添草。有一次，她甚至當著主管的面直接說道：「這些工作讓那些薪水多的人做吧。」

劉豔的主管其實是比較理解她的，其實主管自己也是一肚子的委屈，她的薪資在去年雖然成長了一些，可是今年由於業績不好公司所有的主管薪資又下調了五個百分點。要不是覺得自己是個主管，不應該和下屬一起說公司的不是，恐怕她早就和劉豔成為知音了。再說，公司最近常常加班，基層員工加班還可以調休，可是主管加班卻完全是義務，老闆從來沒說過一句感謝的話。想到這裡，主管對於劉豔的不滿稍稍減了一些，她明白員工有怨氣也是可以理解的，於是便耐心的跟劉豔講公司的情況，還拿自己和她做比較。聽了主管的一番話，劉豔的氣消減了許多。

由此可見，如果管理者能夠透過恰當的方式消除員工的抱怨，在發現問題的時候能夠及時「疏導」，就能夠及時安撫員工的消極情緒。反之，如果不及時解決，就會嚴重影響其工作的積極性和進取心，從而消極怠工，或與管理者產生對立情緒，對管理者的工作不支援，對管理者的指示不服從，甚至與管理者唱反調。因此，對於管理者來說，應該直視員工的抱怨，對其關注加以解決，傾聽員工的心聲。

俗話說：一人難滿百人意。管理者在管理活動中，即使做得再好，也會有一些下屬不滿意，也往往被抱怨這、被埋怨那。面對下屬的抱怨，管理者應該如何對待？

1. 認真傾聽員工的抱怨

下屬最普遍的抱怨形式就是嘮嘮叨叨，把自己的一肚子不滿傾倒出來，對此，作為管理者絕不能裝作聽不見。相反，你一定要做下屬的聽眾。一旦聽到下屬的抱怨，管理者應放下架子，立即深入到下屬之中，謙虛真誠、滿腔熱情的與下屬打成一片，認真的聽取下屬的意見，深入的進行調查研究，搞清是哪些下屬在抱怨、抱怨什麼，主動把握有關方面的情況。只要能讓員工在你的面前抱怨，你就可以獲得他的信任。如果員工的抱怨確實是合理的，請作出承諾並盡快履行；如果抱怨是不合理的，一定要對他們進行教育。

2. 不要忽視員工的抱怨

有些管理者認為，員工的抱怨只要不加理睬，就會自行消失。還有些管理者認為，只要對員工奉承幾句，他就會忘掉不滿。其實並非如此。沒有得到解決的不滿將在員工心中不斷發熱，直至沸點。雖然剛開始可能只是某個員工在抱怨，但很快的可能越來越多的員工都在產生抱怨。這種現象並不奇怪，因為抱怨者在抱怨時需要聽眾（其他員工），並且要爭取聽眾的認同，所以他會不自覺的誇大事件嚴重性和範圍，並且會盡力與聽眾的利益取得聯繫（為了獲得認同）。在這種鼓噪下，自然會有越來越多的員工道聽塗說，最終加入抱怨的行列。這也就是管理者遇到麻煩的時候—忽視小問題，結果讓它惡化成大問題。所以，管理者不應該把員工們的抱怨當做小事一樁，也不應該把其中的一些抱怨當做幼稚和愚蠢而忽視掉。這些抱怨對管理者來說或許不成問題，但對員工們卻甚為重要，因而不可掉以輕心，漠然視之。

3. 讓員工暢所欲言

作為管理者，不能只是允許員工去歌頌企業，而不允許員工提出一些批評和建議。每個管理者都希望在批評員工的時候，不管對錯都先接受；同樣的，作為管理者，面對員工的抱怨或批評更應該坦然接受。給他們發言權，那是對員工的一種尊重。千萬不要一棒子把員工的抱怨打死，不給他們發言的機會。

4. 了解抱怨的原因

任何抱怨都有它的起因，除了從抱怨者口中了解事件的原委以外，管理者還應該聽聽其他員工的意見。如果是因為同事關係或部門關係之間產生的抱怨，一定要認真聽取當事人的意見，不要偏袒任何一方。在事情沒有完全了解清楚之前，管理者不應該發表任何言論，太早的表態，只會使事情變得更糟。

5. 一對一的討論

發現下屬在抱怨時，你可找一個單獨的環境，與發牢騷的員工一對一的面談，讓他無所顧忌的進行抱怨，你所做的就是認真傾聽。只要你能讓他在你面前抱怨，你的工作就成功了一半，因為你已經獲得了他的信任。

6. 鼓勵員工合情合理的抱怨

員工的抱怨一般都是對管理工作的不滿。管理的不可能沒有一點問題，只有在出現問題中不斷的改進，才有可能不斷的進步。企業要發展，管理工作要進步，如果聽到的都是正面的東西，沒有一點點負面的東西，才是真正的有問題。員工對企業有抱怨證明員工還是在乎企業的，有就讓他們說出來，最怕的是員工有抱怨也不說。

喊下屬的名字，顯示對下屬的尊重

俗話說：人過留名，雁過留聲。姓名是人的標誌，人們出於自尊，總是最珍愛它，同時也希望別人能尊重它。如果你與曾打過交道的人再次見面，能一下叫出對方的名字，對方一定會感到非常親切，對你的好感也會油然而生。

同樣的道理。管理者一開口就叫出下屬的名字，對下屬來說，心理上就會有一種被尊重感，精神上也會受到激勵。

但在實際工作中，有不少管理者都不大注意，或者認為沒有這個必要，或者藉口自己工作太忙沒有這個時間和精力。

有個較大公司的主管，一般員工去找他，主動彙報姓名，幾分鐘後，他就記不住人家的姓名了，等到下次再見時，有時竟問：「你是哪個部門的？」

與此相反。一名新任局長到公司之後，上班第一天上午，就讓辦公室主任提供機關裡面每一個下屬的資訊，包括名字、職位、性格、愛好等，並請他按照辦公室的布局，讓每個下屬對號入座。接下來幾天，他逐個辦公室走了一遭，在與下屬一一握手時，就一口叫出了每個人的名字。大家都很吃驚，轉而敬佩起新局長，整個公司的氣氛頓時活躍起來，對新局長的拘束和陌生感一掃而空。這位局長只是記住了下屬的名字，卻達到了四兩撥千斤的效果，迅速得到了下屬的好感與信任。

由此可見，在和下屬的交際過程中，如果管理者能記住下屬的姓名和一些下屬的情況，那麼，說出來後會使下屬感到格外的親切，幾句隨便的攀談，便能對下屬產生精神激勵作用。

美國前總統羅斯福說過：「交際中，最明顯、最簡單、最重要、最能得到好感的方法，就是記住人家的名字。」管理者拉近與下屬之間的距離的第一祕訣就是記住下屬的名字，因為記住下屬的名字，是尊重下屬的開始，也是與下屬有效溝通的第一步。

在某家旅館的大廳裡，有一位來自遠方的客人到服務台辦住宿手續，客人還沒有開口，服務小姐就先說：「×× 先生，歡迎你再次光臨，希望您在這裡住得愉快。」

客人聽後十分驚訝，沒想到她會記住自己的名字，他露出欣喜的神色，因為他只在半年前到這裡住過一次。這位客人因此而感受到了莫大的尊重，進而對那位服務小姐，甚至她服務的旅館產生了好感。

由此可見，記住對方的名字是極為重要的。這既表現出了你對對方的重視，同時，也讓對方感到你的親切，如此一來，對你的好感也就油然而生。作為管理者，如果你抓住了下屬的這一心理特徵，你也就輕鬆的贏得下屬的好感。

吉姆．佛雷十歲那年，父親就意外喪生，留下他和母親及另外兩個弟弟。由於家境貧寒，他不得不很早就輟學，到磚廠打工賺錢貼補家用。他雖然學歷有限，卻憑著愛爾蘭人特有的熱情和坦率，處處受人歡迎，進而轉入政壇。最叫人佩服的是他還有一種非凡的記人本領，任何認識過的人，他都能牢牢記著對方的全名，而且隻字不差。

他連高中都沒讀過，但在他四十六歲那年就已有四所大學頒給他榮譽學位，並且高居民主黨要職，最後還擔任郵政部長之職。

有一次有記者問起他成功之祕訣。他說：「辛勤工作，就這麼簡單。」記者有些疑惑，說道：「你別開玩笑了！」

他反問道：「那你認為我成功的原因是什麼？」

記者說：「聽說你可以一字不差的叫出一萬個朋友的名字。」

「不。你錯了！」他立即回答道：「我能叫得出名字的人，少說也有五萬人。」

這就是吉姆·佛雷的過人之處。每當他剛認識一個人時，他定會先弄清他的全名，他的家庭狀況，他所從事的工作。以及他的政治立場，然後據此先對他建立一個概略的印象。當他下一次再見到這個人時，不管隔了多少年，他一定仍能迎上前去在他肩上拍拍，噓寒問暖一番，或者問問他的老婆孩子，或是問問他最近的工作情形。有這份本領，也難怪別人會覺得他平易近人，和善可親。

姓名，是世界上最美妙的字眼，每個人都十分看重自己的姓名。記住別人姓名，並真誠的叫響別人的姓名，它意味著我們對別人的接納，對別人的尊重，對別人的誠心，對別人的關注。

古人云不知禮，無以立也；不知言，無以知人也。記住下屬的名字，不僅傳遞了管理者對下屬的尊重，滿足了下屬的心理需求，拉近了與下屬之間的距離，產生其他禮節所達不到的效果，也展現了管理者的知識、涵養和魅力所在。

一位德高望重的教授，當有人問他深受學生愛戴的原因時，他說：記住每個學生的名字。

多年以前，有一次，教授在一家飯館吃飯，忽然聽到有人喊他老師，一抬頭他發現是他們學院幾年前畢業的一個學生和他的女友，看情形是剛交上不久的朋友。碰巧，教授記得這個學生，但當時忘了他的名字，只記得他姓季，就隨口叫了「小季」。可等他剛叫出口，那個學生就驚喜得瞪大了眼睛。說了幾句話，教授又想起了他的名字，這一次他的驚喜簡直無法形容。那位學生激動說：「沒想到過了這麼多年老師還記得我！」

幾天後，教授接到那位學生的電話，他在電話裡不停的道謝！原來，他的女朋友起初對他態度一般，但上次在飯館吃飯時碰到老師，老師叫出了他的名字，女朋友對他的態度竟然改變了，她說老師過了這麼多年仍能叫出了他的名字，說明他在大學時一定很不錯。

從那件事以後，教授就意識到，一個老師隨口叫出一個學生的名字對他來說是多麼重要！所以，後來每接一個新班級，教授做的第一件事情就是在最短的時間內叫出班裡所有學生的名字！

善於記住別人的姓名是一種禮貌，也是一種感情投資，在人際溝通中會達到意想不到的效果。

美國一位學者曾經說過：「一種既簡單但又最重要的獲得好感的方法，就是牢記住別人的姓名，並且在下一次見面時喊出他的姓名。」名字作為每個人特有的標識，是非常重要的。對一個人來說，自己的名字是世界上聽起來最親切和最重要的聲音。它不但獲得友誼、達成交易、得到新的合作夥伴的通行證，而且能立即產生其他理解所達不到的效果。所以，管理者嘗試記住下屬的名字，不僅是對他們的尊重和表示你對他們的重視，同時也讓下屬對你產生更好的印象。

世界上天生就能記住別人的名字的人並不多見，大多數人能做到這一點全靠有意培養形成的好習慣。作為管理者，一旦養成了這個好習慣，它就能使你在人際關係和社會活動中占有很多優勢。

將心比心，讓上下級的溝通更順暢

所謂將心比心，一般是指在雙方意見發生分歧或產生矛盾時，能夠站在對方的立場上考慮問題，進而提出雙方都能夠接受的意見或建議，最終解決問題，實現雙贏或多贏。

將心比心在管理溝通中是非常重要的。管理者在與下屬說話的過程中，適當運用將心比心，可以使溝通更順暢，更容易達到溝通的目的。

然而現實生活中，很多管理者在處理問題或者與下屬交往的時候，往往總是立足於自己的立場，從自身的利益和需要角度進行考慮，而很少考慮到下屬的感受和利益與需要，更不能從下屬的立場來思考問題。這時就只會堅持自己的想法，使得雙方的「結」越來越緊，以至於怎麼也打不開，這種情況下不要說有效溝通，兩者不產生更大的分歧就不錯了。如果管理者站在下屬的角度去思考問題，就更容易了解到下屬的需要，更容易明白企業發展的點在哪裡，從而和諧溝通，實現企業的有序發展。俗話說「將心比心，推己及人」，管理者只要學會將心比心，溝通自然沒有問題。

有這樣一則小故事：

週末的一天，一位媽媽帶著女兒逛商場，奇怪的是女兒對琳瑯滿目的商品絲毫不感興趣，總是急躁、哭泣。媽媽百思不得其解。恰巧，女兒的鞋帶開了，媽媽彎腰為女兒繫鞋帶，無意中一轉頭，發現從女兒的角度看去，看到的都是密密麻麻的人的大腿，根本看不見商品。於是，這位媽媽以後帶女兒逛商場，總是盡量抱著她，果然，女兒再也不急躁、哭泣了。

這個故事告訴我們，人的位置不同，看法想法也各不相同。同樣，在企業中，管理者和被管理者所處位置的不同，必然會導致雙方在思想、行為上的不統一，甚至產生矛盾。此時，如果管理者都能降低自己的「身分」，設身處地的去替對方考慮，透過將心比心，把自己當成普通的員工，就能夠有效的消除反感和對立情緒，消除成見和隔閡，找到思想上的切入點。所以說，在實際的工作中，成功的管理者通常都是利用將心比心，把焦點集中在下屬或員工身上，從他們的眼光出發，來尋找最可能影響他們態度和行為的管理方法。

在企業管理中，將心比心是一種先進的管理理念和有效的管理手段。對於企業來說，管理者與員工之間應該提倡將心比心。如果管理者做決策之前考慮周全，尤其是多想想員工的利益有沒有得到保障，這樣就能達到積極的作用，開展起工作來也會容易得多。反之，必會困難重重。

美國玫琳．凱化妝品公司的創辦人玫琳．凱女士就是利用將心比心來待人處事的典範。玫琳．凱女士在創辦公司之前，曾在多家直銷公司工作，作為別人的部屬，她非常清楚替別人工作是怎麼回事。她在準備出來自己創業時，曾發誓：要建立一套能夠激發工作人員熱忱的管理方式，絕不讓她曾體驗過的別人在管理上的錯誤在自己公司重演。在面對一位部屬的時候，她總是先想到：「如果我是對方，我希望得到什麼樣的態度和待遇？」每當有人事問題必須解決的時候，她總是先如此自問。而經過這樣考慮的結果，往往再棘手的問題都能很快的迎刃而解。

作為管理者，應當提倡由上至下的將心比心。管理者對下級的將心比心有利於廣泛聽取和採納下屬的意見，實行民主管理，特別是下級提出一些比較尖銳的問題和批評意見時，採取將心比心，可能就能聽得進去，有利於提高管理者的管理水準，反之則不然。

成功的管理者在管理中要做出有效和正確的決策，不但要學會與下屬將心比心，還要學會與上級將心比心。經常問一下自己，「如果我是上級主管，該怎樣說、怎樣做」，就不會只把眼睛盯住上級要這要那，就不會發牢騷，就不會目無主管，我行我素。如果能經常這樣對照檢查自己，就會自覺的顧全大局，任勞任怨，體諒上級，理解下級。

邁克在一家電腦公司負責安全工作。他工作扎實，盡心盡力，在公司有較好的聲譽。

一天早上，他剛走進公司大門，便被老闆叫到了辦公室。「邁克，你是做什麼的？昨天晚上安排了幾個人值班？值班時都在做什麼？」老闆沖著他劈頭劈臉就是一頓斥責：「你也有不可推卸的責任。全年的獎金全部扣除。」

邁克心裡不明白到底發生了什麼事情，話又說回來，即使有事也怪不上自己，昨天晚上他休息，由別人代的班呀！

事後，他才搞清楚了事情的原因。原來，昨天晚上幾個盜賊潛入公司財務科，盜走了一筆貸款，老闆為此才發的火。儘管這樣，責任不在自己，為什麼要訓斥我，還要扣掉全年獎金呢？邁克想來想去始終想不通。心高氣傲的他，委屈得直想哭。心想，自己平時工作那麼認真，為了公司得安全付出了多麼大得心血啊！老闆平白無故的為什麼要處罰我呢？

他想找老闆理論，討個說法。但轉念一想：「發生了這麼大的事情，我若是老闆怎麼辦？這也是事出有因，老闆才大發脾氣的，那麼多的貸款被盜走，他能不急嘛？」邁克站在老闆的位置上考慮了一會，氣也消了一大半，心想：不就是打掉門牙嚥下肚嘛，權且當一次代罪羔羊吧！

發生這件事後，邁克沒有把自己的情緒帶進工作中，依然兢兢業業，任勞任怨，見了老闆依然彬彬有禮，似乎什麼也沒有發生過。

後來，員警破獲了那天晚上的盜竊案，當天代替邁克領班的人涉嫌此案被依法逮捕了。之後不久，老闆對全公司的安全人員進行調整。由邁克全面負責全公司的安全工作。

看來，作為管理人員不僅要學會與下屬將心比心，而且學會與上級將心比心也是很重要的。如果不能很好的運用將心比心，體會上級的處境，就很容易與上級產生隔閡，也就談不上能很好的工作了。有些人單獨工作做得很好，可是當了主管後卻一籌莫展。尤其苦於處理各種上下左右關係。所以，你要主動的與上級溝通，並且在溝通中，不爭占上風，事事替別人著想，能從上級的角度思考問題，兼顧雙方得利益。尤其是在談話時，不以針鋒相對得形式令對方難堪，而能充分理解對方。

將心比心的前提是相互理解，只有在理解對方的基礎上，才能更好的掌握其思路。在實際工作中，如果管理者能恰當的運用將心比心的技巧，許多問題就可以迎刃而解了。

安慰下屬的語言技巧

給予不幸者以安慰，是為人處世的一種美德；而當自己的下屬遭到不幸時，及時送上真誠的安慰，更是管理者應盡的責任。

下屬的苦楚和困境，往往自己難以排解。管理者要及時發現他們的苦衷，用溫馨的話語、令人信服的道理安慰他們的心靈，攙扶著他們走上解脫的彼岸。

小張是某保險公司的職員，有一次，他非常沮喪而緊張的對部門經理說：「經理……非常抱歉……我……。」部門經理看著他緊張而蒼白的表情，知道發生了不愉快的事，但是經理並沒有急著問他到底發生了什麼事，而是給他倒杯熱水，讓他慢慢說來。但是小張心裡著急，非要先講出來才放心，但是他又緊張得不行，想說又不敢說，最後委屈的告訴經理說，自己把價值幾十萬的客戶訂單弄丟了。經理一聽生出一肚子火，心裡責怪道，怎麼能這麼粗心呢？但是他並沒有沖著小張發脾氣，而是沉住氣，像什麼都沒有發生一樣心平氣和安慰小張說：「事情已經發生了，大可必不這樣緊張，重要的是怎樣減少損失。」事後，這位部門經理冒著很大的風險、費了很大周折才在總經理面前平息了這場風波。事後，小張非常感激部門經理的大恩大德，以後更加賣命的工作，不但把損失追了回來，而且還成為公司的業務指標。

作為管理者，當下屬情緒低落、惴惴不安時，一定要幫助他一起疏減負面情緒，協助他們度過一個個困境，而不能只是大發雷霆的特批一頓，給員工心理造成創傷。及時了解並撫慰情緒低落的下屬，這有利於下屬繼續保持自尊心和自信心，更會增強對你的信賴和支援，以更出色的工作成績來回報你。

元凱是某工廠的技術員，一段時間裡，他為一項小的技術革新苦心孤詣，熬了數十個通宵，可最後還是功敗垂成，且招來一些人的非議。元凱一時心灰意冷，決意不再自找苦吃了。元凱的主管劉某知道後對元凱說：「元凱，你說世界上什麼樣的人最偉大，什麼樣的人最渺小？」元凱說：「不怕犧牲的戰士們最偉大，見錢眼開的勢利者最渺小。」主管說:「你的話也有道理，不過我認為世界上有『氣勢』的人最偉大，有『膽小』的人最渺小。愛迪生一生曾有過一千多項發明，他在發明我們所用的燈泡時就失敗過一千多次，有人譏笑他竟然失敗了一千多次，他卻說：『不！我成功的發現了一千多種材料都不適合做燈絲！』你看人家『氣勢』多足，而你就有那麼點『膽小』，本來沒什麼不正當心眼，可是聽到一點風聲便不敢做下去了。」元凱聽後淡然一笑說：「我雖然屬鼠，但也不至於膽小如鼠，為這麼點小事一蹶不振！」果然，元凱在主管的勸說鼓勵下繼續奮發，不久便獲得了成功。

人人都有遭受挫折、情緒低落的時候。當自己的下屬遭受挫折或者不幸的時候，管理者不能袖手旁觀，而應該及時去安慰下屬，給予適當的鼓勵，使其振作起來、渡過難關。這樣，管理者不僅可以贏得別人的信任與支持，而且可以密切上下級之間的關係，創造一個融洽的工作環境。但管理者在安撫下屬時，一定要注意各種安撫技巧的運用，從而達到理想的效果。

1. 針對不同的情況給予不同的安慰

如果下屬面臨事業上的不如意，管理者就需要對其強烈的事業心給予充分理解、支持。這個時候，理解應多於撫慰，鼓勵應多於同情。管理者就不必勸慰對方忘掉憂愁、痛苦，更休想說服對方隨波逐流，放棄他的理想、追求。最好的安慰，就是幫助對方總結經驗教訓，分析所面臨的諸多有利不利條件，克服灰心喪氣的情緒，樹立必勝的信念，並共同探討通向事業頂峰的光明之路。

如果下屬不幸身患重病，應不必過多談論病情。管理者應該多談談病人關心、感興趣的事情，以轉移對方的注意力，減輕精神負擔。如能盡量多談點與對方有關的喜事、好消息，使他精神愉快，更有利於早日康復。

如果下屬因生理缺陷或因出身、門第而被人歧視，管理者安慰時就應多講些有類似情況的名人的模範事蹟，鼓勵他不向命運屈服，抵制宿命論的思想影響，使他堅信只要充分發揮人的主觀能動作用，仍然能夠爭取人生的幸福，實現人生的價值。

2. 傾聽對方的苦惱

由於生活體驗、家庭背景、所受的教育、工作性質等不同，形成了每個下屬對於苦惱的不同理解。因此，當試圖去安慰一個下屬時，首先要理解他的苦惱。安慰人，聽比說重要。一顆沮喪的心需要的是溫柔聆聽的耳朵，而非邏輯敏銳、條理分明的腦袋。聆聽是用我們的耳朵和心去聽對方的聲音，不要追問事情的前因後果，也不要急於做判斷，要給對方空間，讓他能夠自由的表達自己的感受。聆聽時，要感同身受，對方會察覺到我們內心的波動。如果我們對他的遭遇能夠「悲傷著他的悲傷，幸福著他的幸福」，對被安慰者而言，這就是給予他的最好的幫助。

3. 安慰是同情，但不是憐憫

同情是一種真心實意的善良心情，彼此應站在完全平等的地位上交流思想感情，給對方精神上、道義上的支持，並分擔對方的感情痛苦。與之相對的是，憐憫不是平等的思想感情交流，不是精神上、道義上的敬贈，而是一種上對下，尊對卑、強者對弱者、勝者對敗者、幸運者對不幸者的感情施捨。

說出同情的話語，有勸慰也有鼓勵，語氣低沉而不乏力量，而且盡量不當面說出「可憐」、「造孽」等詞語。憐憫的話語，只有一味的悲傷，語氣低沉、無力，而且把「可憐」、「造孽」等詞語經常掛在嘴邊，彷彿在欣賞、咀嚼對方的痛苦。

所以，作為一個管理者，應該記住的是，安慰下屬需要同情，但切不可憐憫。

4. 安慰需要換位思考

安慰下屬最大的障礙，常常在於被安慰的下屬無法理解、體會、認同當事人所認為的苦惱。人們容易將苦惱的定義局限在自我所能理解的範圍中，一旦超過了這個範圍，就是「苦」得沒有道理了。由於對他人所講的「苦」不以為然，因此，安慰者容易在傾聽的過程中產生抗拒，迫不及待的提出自己的見解。因此，管理者需要放棄自己根深蒂固的觀念，承認自己的偏見，真正站在下屬的角度去看他所面臨的問題。

5. 運用善意的謊言進行安慰

善良的謊言，有時勝過不該說的真話。在安慰下屬時，管理者適時的謊言往往就能達到意想不到的作用。

這裡所說的謊言，當然是指善良的謊言，即為了減輕下屬的精神痛苦，幫助下屬重振面對生活的勇氣。如對於本來就感情脆弱、意志薄弱、身體虛弱的下屬，其心靈已經傷痕累累，不堪重負。如果再如實將他所面臨的噩耗講出來，下屬就有可能因承受不住沉重的打擊而一蹶不振，甚至危及生命。所以，這種特殊情況下，與其立即如實相告，還不如暫時隱瞞真相。當下屬以後明白了真相，只會感激、不會埋怨。即使當時半信半疑，甚至明知是謊話，通情達理者仍感到溫暖、寬慰。因為他是被關懷、愛護，而不是被欺騙、愚弄。

總之，安慰下屬是一門技巧，是一種為下屬調節心理的大學問。管理者要想真正獵獲下屬的心，讓其對自己產生感激之情，死心踏地的為自己工作，就一定要掌握好這門技巧。

挽留優秀下屬要動之以情

作為企業的管理者或者是人力資源管理部門的工作人員，常常會遇到優秀員工離職的情況。有些管理者一提起員工「跳槽」，就氣不打一出來，有的滿肚子委屈，「我待你這麼好你還走？」有的橫眉冷對無限氣憤：「壞蛋」、「叛徒」罵聲不斷；還有的管理者不理「跳槽」員工，不給辦手續、剋扣薪資、製造障礙等等，管理者和「跳槽」員工反目成仇，不歡而散。

為什麼會出現這種情況呢？原因是優秀員工的流失會給企業帶來巨大的損失：優秀員工一方面可能掌握著企業的某些重要資源，一旦被人挖走或辭職可能將這些資源落八競爭對手手中；另一方面，優秀員工掌握著某種別人不可替代的技藝，一旦這些員工離職，企業將難以立即補缺。所以，如果能在最後關頭將那些即將離職的優秀員工留住，應該說是最圓滿的結局了。

有專家統計：在那些自願離職的員工當中，去意已決的向企業提出辭職的約占百分之四十；辭職目標不是很明確的約占百分之二十；介於兩者之間的辭退員工約占百分之四十。從中我們可以看出，只要企業的高層管理人員能即使作出正確積極的反應，準確把握員工離職的心態和原因，大部分員工還是能被挽留下來的。

在企業中，要完全避免員工的流失是不可能的，也是沒有必要的。但作為團隊的管理者，仍然應該盡力降低下屬的流失，對將要發生或者已經發生的下屬離職事宜，應該採取恰當的處理措施。即使你挽留不了你想留的員工，你也會從挽留的工作中找到對你今後管理工作有益的東西。如果你的部門出現離職情況，你如何做挽留工作呢？

1. 注意隨時溝通

員工離職的情緒，多半都有一個累積的過程，不是一蹴而就的。作為主管，你如果能將工作做得足夠耐心細心，就能在員工想辭職前發現一些苗頭，做到防患於未然。

李經理最近發現部門一個專案菁英經常遲到，工作也不在狀態，精神萎靡不振。

一天吃午餐時，李經理看似無意的與這位員工聊天。一聊才知道，原來對方的妻子正在醫院住院做手術，他既要照顧生病的妻子，又要照顧上幼兒園的兒子，還要做好手頭的工作，著實有點應付不過來了。

當天下午，李經理立刻將這個情況反映到專案經理那裡。專案經理找到這名員工談話後，適時的調整了他的工作量，減輕了他的負擔。

事後，這名員工萬分感激的對李經理和他的專案經理說：「當時實在有些忙不過來了，李經理找我聊天的那天，我正在考慮要不要辭職，等我老婆出院後我再重新找工作。現在好了，我真慶幸留在公司裡了。」

可見，隨機溝通對防止員工流失是有很大幫助的。

2. 傾聽員工的心聲

傾聽是獲取員工真實資訊的最有效的方法。一般來說，傾聽可以達到如下幾個目的：一是傾聽對員工來說是一種很好的心理輔導，可以使員工心中累積的對公司的不滿得到疏泄，二是透過傾聽，可以了解員工辭職的真正原因，是工作環境、薪資待遇、工作節奏的問題，還是對事業的看法發生了根本性的改變；三是透過傾聽，可以獲得員工對供職職位和環境的客觀評價，獲得其對公司管理和今後發展的合理化建議。透過傾聽，了解員工的心事，了解他對周圍的人和事的看法，從而為走進員工的內心世界打下基礎。所以，當員工提出辭職時，你必須迅速創造條件和員工進行溝通。

3. 主動出擊

在員工仍猶豫是否跳槽之際，管理者應該及時的做出一些主動出擊的行為，將他留住──這也許是你挽回人心的最後一個機會。必要時和他談一談，在不與他談及「跳槽」問題的前提下，和他暢所欲言。你可以講公司的長期和短期發展目標給他聽，你可以講講他所在部門今後將要面臨的變革，你甚至可以果斷的向他肯定他為公司所做的工作和成績，然後讓他知道他在你心目中的位置到底如何。在這樣的循循勸誘之下，燃起他對公司的希望之火，讓他清楚的看到自己的未來。

另外，在與員工面對面溝通時，管理者也要講究策略，真誠挽留的同時，還要聽話聽音，旁敲側擊的了解員工要離職的真相。比如：與其直接問「你為什麼離開公司？」或「談談你想辭職的理由好嗎？」不如換個角度，有技巧的問：

「你希望公司作出哪些改變才能讓你繼續留在公司呢？」（表明公司挽留對方的誠意，從中尋找公司的不足。）

「你覺得你打算過去的那家公司哪些方面更吸引你呢？」（與自己的公司對照，找出相互間的差距。）

類似這樣的問話，就能讓員工談更多離去的理由，同時也能了解真相，對症挽留。

4. 多做自我檢討

員工出了問題通常並不是單方面的，所以每次管理者都要首先檢查一下自己的管理方式是不是正確。你的管理風格應該表現出你對公司有明確的目標，並把這個目標告訴員工，承認他們的貢獻，徵求他們的意見，在必要時給他們自己作決定的權利，公平對待員工。

5. 封鎖離職消息

封鎖消息對員工來說，可以為其日後改變主意、留在企業消除障礙心理障礙。否則，礙於面子，就強化離職的決心，最後弄假成真。有些人遞交辭呈後，管理者與之進行了積極有效的溝通，解決了實際問題，他便會繼續留下來為企業服務。但如果此事被傳揚開來，當事人即使留下也會感覺尷尬，甚至引起他人的敵對情緒。另外，對企業來說，消息沒有公開，就不會在員工中造成不利的影響，也能給挽留工作留下充分的轉圜餘地。

用「我們」兩字拉近距離

亨利．福特二世描述令人厭煩的行為時說：「一個滿嘴『我』的人，一個獨占『我』字，隨時隨地說『我』的人，是一個不受歡迎的人。」的確如此。在人際交往中，「我」字講得太多並過分強調，會給人突出自我、標榜自我的印象，這會在對方與你之間築起一道防線，形成障礙，影響別人對你的認同。而「我們」這個詞卻可以製造彼此間的共同意識，拉近雙方的距離，對促進人際關係將會有很大的幫助。

經常聽演講的人，大概都有過這樣的經驗，就是演講者說「我們是否應該這樣」比「我這麼想」更能使你覺得對方的距離接近。因為「我們」這個字眼，也就是要表現「你也參與其中」的意思，所以會令對方心中產生一種參與意識，按照心理學的說法，這種情形是「捲入心理」。

曾經有過一位心理學家，做了一項有名的實驗，就是選編了三個小團體，並且分派三人飾演專制型、放任型、民主型的三位領導人，然後對這三個團體進行意識調查。

結果，民主型領導人所帶領的這個團體，表現了最強烈的同伴意識。而其中最有趣的，就是這個團體中的成員大都使用「我們」一詞來說話。

「我」和「我們」從字面來看只有一字之差，但在溝透過程中所達到的效果卻截然不同，這主要在於聽者的感受。「我們」表明說話的人很關注對方，站在雙方共有的立場上看問題，把焦點放在對方，而不是時時以自我為中心。

在實際工作中，也許你會發現，那些成功的管理者，一般很少直接跟員工說「我怎麼著怎麼著」，都是說「我們怎麼怎麼樣」。這樣雖然有拉關係、套近乎的嫌疑，但是，這招很有效，可以拉近與員工之間的距離。

有個工廠的廠長，在上級主管人來工廠檢查工作開座談會的時候，他認認真真的彙報了工廠的宏偉規劃和目前存在的困難。他說：「我今年的產值一定要超過 x 萬元，我的利潤『定要達到 x 萬元……但我的困難很多…我……我……我……」彙報時還有他的副手、中層骨幹和工人在場。

彙報以後，上級主管人徵求人家的意見，沒有一個人作聲。等了好一會，一個工人沒頭沒腦說了兩句這樣的話：「我們沒意見。主管怎麼說我們就怎麼做。」這使所有在場的人都感到十分尷尬。

這個工人之所以對廠長使用「主管」這個多年沒有聽到過的、刺耳的稱呼，是因為廠長把工廠、大夥、集體都稱為「我的」、「我」。對廠長這個常掛在嘴邊的彆扭的「我」字，工人們早已很反感。

可見，管理者一個勁的提到我如何如何，那麼必然會引起員工的反感。如果改變一下，把「我」改為「我們」，就可以巧妙拉近雙方距離，使對方更容易接受你和你的話。經常使用「大家」、「我們」等這類字眼，會使人感覺到大家均是同路人，是生命共同體。因此善用「我們」來製造彼此間的共同意識，對促進管理者的人際關係將會有很大的幫助。

一個剛走進管理職位的年輕人接到客戶投訴後向總經理彙報情況。他說：「你的分公司產品品質出現了問題，引起顧客投訴……」

總經理生氣的打斷他的話，皺著眉頭質問道：「你剛才說什麼？我的公司？」

年輕人沒有明白，「是的，你的分公司……」他又將剛才的話重複了一遍。

總經理惱怒的說：「你說我的分公司，那你是誰？你不是公司的一員？」

年輕人這才意識到自己的失誤，馬上糾正說：「對不起，我們分公司產品品質出了問題……」

管理者經常說「我」字，會拉開與員工之間的距離，使員工無法與你產生共鳴。如果改為「我們」就會縮短與對方之間的距離，使氣氛和諧起來。因此，在說話時，管理者要盡量避開「我」字，而用「我們」開頭。

說「我」跟「我們」的差別，其實就是讓聽者心裡高興與否。說「我們」，聽者心裡高興，對自己有好處；說「我」，聽者心裡不高興，對自己沒什麼好處。既然這樣，管理者就應該多說「我們」少說「我」。

(1) 少用「我」字，盡量省略主詞

比如：「我對我們公司的員工做了一次調查統計，(我) 發現有四成的員工對公司有不滿情緒，(我認為) 這些不滿情緒來自於獎金的分配不公，(我建議) 是不是可以……」

第一句用了「我」，便讓主詞十分明確，那麼後面幾句中的「我」不妨通通省去。如此一來，句子的意思表達絲毫不受影響，卻能讓語句顯得很簡潔，避免了不必要的重複，同時還使得「我」字不至於太過突出。

(2) 用平穩和緩的語調，以及自然謙和的表情動作

具體而言，提及「我」字時，不要讀成重音，也不要拖長語音；目光不要咄咄逼人，表情不要眉飛色舞；神態不要洋洋得意，語氣也不要過分渲染；要把表達重點放在事件的客觀敘述上，而不要突出做這件事的「我」；更不要使聽者感覺你高人一等，或者你是在吹噓自己。

(3) 用「我們」一詞代替「我」

以複數的第一人稱代替單數的第一人稱，可以縮短雙方的心理距離，促進彼此的情感交流。

例如「我建議，今天下午……」可以改成「今天下午，我們……好嗎？」

這樣說話時應用「我們」開頭的。

總之，少說「我」，多說「我們」，是管理者說話的一種技巧，利用人人愛說「我」，都愛以「我」為中心的心理，管理者很自然的多說「我們」、「我們」、「大家」，必然能攏絡下屬的感情，讓他們盡心盡力為你效力。

第八章
擺正位置，掌握與上層談話的火候

學會和上級主管說話，是管理者的一門必修課，也是一門高深的學問。俗話說：伴君如伴虎。與主管說話要察言觀色、拿捏分寸，認清自己的身分，適當考慮措辭。哪些話該說，哪些話不該說，應該怎樣說才能獲得更好的交談效果，都是談話應注意的。所以，管理者不僅要擺正心態和位置，更要學會技巧。

領會意圖，聽出上司的弦外之音

作為管理者，你不僅要學會傾聽員工的心聲，還要學會傾聽上司說話，領會上司的意圖，聽出上司話語之外的弦外之音。這是傾聽中一種比較高的境界，但也是傾聽中最不容易做到的。

準確的領會上司的意圖並不是一件簡單的事情。在實際工作中，經常會發生下屬對指揮意圖理解偏差的現象。

某公司老闆打算在年終工作會議上做總結發言，他便讓助理高穎就全年的工作寫份工作總結報告，並且囑咐說「越詳細越好」。高穎調查情況就花了幾個星期的時間，把一年的工作事無鉅細都寫了出來。老闆看了她所寫的幾萬字的報告材料，搖頭表示不滿。原來老闆的意思是，希望總結得詳細一些。可是高穎不理解詳細是指產品品質及生產方面，而在事務上「詳細」寫，卻連老闆組織了幾次會議出了幾趟差，公司搞了幾次請客吃飯都寫得清清楚楚。老闆面對這份報告，無可奈何。最後只好自己動手重新寫了一遍。

高穎對於老闆的用意，實際上並沒有心領神會，而只限於機械簡單的理解執行。看來，心領神會至關重要。在現代職場中，一個人要想把工作做得漂漂亮亮的，不善於領會上司的意圖的確是一件很糟糕的事情。

梁華大學畢業後加入一家廣告公司。期間，他參與了一個廣告設計專案，創意總監要求小組的每個成員提交一份設計方案。看過梁華的方案後，總監沉默了一會，評價道：「這個嘛，還挺有意思的。」上司的這句話讓梁華以為總監很看好他的方案，於是他信心大增，加班的完成這份方案，還不時的找總監討論。可是沒想到一週後的會議上，梁華發現總監最後採納的並不是自己設計的方案，而且此後似乎有些冷落他。

困惑不已的梁華只得詢問同事，在同事「指點」下才意識到，總監說那句話，並不表示對他的方案的認同。事實上，總監是不看好這個方案的，之所以用「還挺有意思」打發過去，只是順便對梁華作一下鼓勵。

原來上司的弦外之音是否定的意思，梁華感歎：「以前在學校裡，大家都是有什麼說什麼，但踏上工作職位後就不一樣了，必須得察言觀色，聽懂上司的弦外之音。」

在職場中最難相處的可能就是你的上司。上司的心思你猜不透，上司的話像霧像雨又像風，讓你弄不懂。這個時候，你就要用心的揣摩上司話裡的「弦外之音」、「言外之意」，聽懂了這些「弦外之音」和上司 相處就很容易了。如果你領悟得不準確，完全有可能對你的工作帶來一些麻煩。

某公司老闆認為針對現有職位，只要有優秀的人才，就可以將原有職位的人替換掉，以促進公司的快速發展。但是，公司人力資源部經理卻沒有正確理解老闆的意思，就在諸多媒體上發布了除老闆、人力資源部經理等之外的所有重要職位的招聘啟事。

結果，這不僅引起了公司管理層的動盪，而且還引起了許多外界猜測：×× 公司怎麼了？ ×× 出現振盪了嗎？為什麼這麼混亂？更嚴重的是，公司客戶知道該公司這樣沒有策略規劃的大規模招人，以為這個公司出現危機，管理層集體跳槽了，並且進一步懷疑與這個公司的合作是否應該繼續下去……

幸好，公司老闆及時發現了這個問題，並迅速予以糾正。可以說，這種招聘資訊發布的時間越長，傳播的範圍越廣，對企業的傷害就越大。因為一個健康發展的公司，不可能出現上述現象，而且一個合格的人力資源部經理也絕對不會做出這種有傷企業的事情。

俗話說：聽鑼聽聲，聽話聽音。任何資訊，既有表層的直接意思，又有內在的深層含義。這就要求我們學會邊聽邊分析，準確領會對方的意圖，既要敏感的體察資訊的含義，又要防止過敏的主觀臆測，以免誤解而產生感情障礙。

充分領會上司意圖是下屬的一項基本技能，當上司歡委婉表達意見時，一定要注意聽話外音，還要注意觀察上司的表情和神態，這些都隱含著某種意義。當然，這種領會絕不是胡亂猜測，否則，誤解了上司的意圖同樣會很被動。這就要求聆聽者有足夠的聰明，能將上司沒說透的指令，都能徹底的領會。

當上司向你委以任務，要先清楚了解上司的真意，然後衡量怎麼去做，千萬不能因為誤會而給自己帶來麻煩。只有多一點心思，仔細去領會其中的潛台詞，才有可能同上司達成默契。

為了領會上司的意圖，當你接受上司的指示或吩咐的時候不妨問得再清楚些，不要有太多的顧忌心理，而模稜兩可的去執行，那樣以後麻煩的還是自己，也不要老闆說了什麼，就想當然的認為完全理解了。首先得明白這項工作在整體工作當中處於什麼樣的地位，也應該明白上司正處於什麼樣的需求和心理狀態，同時應該根據老闆一貫的思想意圖和工作作風來加以完整的理解。

上司的意圖有時不會直截了當的表達出來，需要下屬仔細揣摩去做。下屬在平時就得深入觀察，仔細揣摩，熟諳上司的習性，這樣才能正確的理解上司的意圖。否則在具體執行過程中，就會發生很大偏差，甚至與上司的想法完全背道而馳。

含蓄的表達自己的意圖，是上司常用的工作方式之一。因此，作為下屬在聽上司說話的時候，你要仔細的聽、認真的感悟，分析表象下面 隱藏的真實，而不要僅僅按照字面意思去理解。只有會聽這些話的弦外之音，才能較好與上司相處。

正確的領悟和理解上司的意圖是一種能力，對於下屬而言，如果具備了這種能力，往往能夠更好的協調管理的工作，使彼此間達成一種默契，更好的合作、提高效率。準確領悟上司的言行，對我們個人來說無疑是大有益處的，它可以讓我們把工作做得更好，令上司滿意，從而表現出自己的能力，展現出自己的價值，以望獲得更廣闊的發展空間，取得更大的成就。

不讓上司反感，巧妙的提出你的建議

在現代組織或企業內部，一般情況下，下屬給上司提建議，不論是在正式場合，還是在非正式場合，其目的都是為了能夠讓上司採納或接受，從而既有利於工作的開展，也有利於組織管理目標的實現。但是，給上司提建議是要講究方法和技巧的，否則，即使建議合理。也有不被接受的可能。

小王、小黃和小李是大學同學，畢業後，三個人同時應聘一家大公司的市場部，聽命於同一位老闆。按人工作能力和表現都不錯，兩年以後都成了部門骨幹。可是三個人在工作風格上有一個最大的不同，那就是當上司的決策出現問題時，小王就會視若罔聞，採取隔岸觀火的態度；而小黃往往會直言不諱的當著眾人的面向上司指出來。如果上司安排的事情有明顯的錯誤，小黃甚至會頂著不辦。小李則完全不同，當他覺得上司的決策有問題的時候，他會先私下給上司寫一封郵件，表明自己的想法和擔心。如果上司堅持，他也能認真去實施，盡量完成上司的想法。即使失敗，他也主動承擔自己那部分責任，從來不在眾人面前抱怨上司。三年過去了，上司升遷在即，選接班人時，他毫不猶豫的選擇了小李。

由此可以看出，在工作中，給上司提出有效意見是十分必要的。但對於上司來說，他又有他的自尊和權威，絕不容外人任意侵犯。既使他錯了，也絕不容他的下屬使他面子掃地。所以，聰明的管理者向上司提建議時一定要把握分寸，不可魯莽。

怎樣才能使自己的觀點讓上司欣然接受呢？我們不妨運用以下幾種提建議的方式。

1. 先肯定，後否定

提建議之前，你最好先以表揚鋪路，這符合人們自尊自重的心理特徵。因為即使非常大度的上司也不願意被人指責做錯了事。

在某公司的一次例行會議上，小劉對經理關於品質問題的處理不是很滿意。在經理徵求大家意見的時候，小劉說：「經理說得對，在產品品質方面，我們的確應當給予充分的重視，這是解決問題的前提之一。我認為，除此之外，我們還應當加強全體員工的品質意識。現在我觀察到公司的員工的品質意識並不強，工作中有疏忽大意的傾向，這股風氣必須剎住，否則品質問題是很難得到徹底解決的。」

「我想，如果我們對各級員工都進行品質意識培訓，員工看到公司上層如此重視，自然也就重視起來了。如果真能這麼做的話，解決這個問題是不費吹灰之力的，公司也能以更快的速度發展。」

聽了這番話，經理不斷點頭，採納了小劉的意見，並對他的這種敢於提意見的行為給予了肯定。

我們可以看出，要給上司提意見，就要抓住上司意見中的某一處被你所認同的地方，並大加肯定和讚賞。而後，提出相反的意見，這時候，你的意見往往可以被接受。因為你一開始就肯定了上司的意見的某一處價值，就已經打開了進入上司腦中意見庫的大門。

2. 兼併策略

李先生是一家網路公司的總經理助理。他的頂頭上司王總是學術、技術出身，由於工作重點長期放在學術研究上，因此對企業管理他是個門外漢，處於對技術的熱情與他所處的職位，王總對於技術部門的事總是親自過問，把管理層體系搞得一團糟，其他部門雖然當面不敢說，但私下裡卻議論紛紛。因此，李先生與其他部門的溝通協調極為不順。經過一番思考，李先生決定採取行動，向頂頭上司王總提出自己的建議。他對王總說，真正意義上的領導權威包含著技術權威和管理權威兩大部分，王總的技術權威在公司裡是有目共睹的，而管理權威則相對薄弱，有待加強。王總連連點頭，並陷入了深深的沉思。

這裡李先生巧妙的運用兼併策略從而使王總改變了立場，並獲得了成功。後來，王總果然將更多精力投入到人事、行銷、財務的管理上，企業的不穩定因素得到了有效的控制，公司運營進入了一種良性循環，李先生的管理權威也得到了鞏固。

在工作中，對於比較謹慎的經理，最好是讓他同時看到好的一面和壞的一面，兩面說服的方式比較有效。

3. 委婉的方式提出建議

有些管理者在給上司提意見時，直言直語，一針見血的指出上司的錯誤，儘管出發點是好的，但其殺傷力很強，很容易讓上司下不了台下不了台。如果可以用婉轉一點的方式提醒別人，其效果遠遠好於直言直語。

韓昭侯平時說話不大注意，往往在無意間將一些重大的機密洩露了出去，使得大臣們周密的計畫不能實施。大家對此很傷腦筋，卻又不好直言相告。

一位叫堂谿公的聰明人，自告奮勇到韓昭侯那裡去，對韓昭侯說：「假如這裡有一隻玉做的酒器，價值千金，它的中間是空的，沒有底，它能盛水嗎？」韓昭侯說：「不能盛水。」堂谿公又說：「有一隻瓦罐子，很不值錢，但它不漏，你看，它能盛酒嗎？」韓昭侯說：「可以。」

於是，堂谿公因勢利導，接著說：「這就是了。一個瓦罐子，雖然值不了幾文錢，非常卑賤，但因為它不漏，卻可以用來裝酒；而一個玉做的酒器，儘管它十分貴重，但由於它空而無底，因此連水都不能裝，更不用說人們會將可口的飲料倒進裡面去了。人也是一樣，作為一個地位至尊、舉止至重的國君，如果經常洩露臣下商討的有關國家的機密的話，那麼他就好像一件沒有底的玉器，即使是再有才幹的人，如果他的機密總是被洩露出去了，那他的計畫就無法實施，因此就不能施展他的才幹和謀略了。」

一番話說得韓昭侯恍然大悟，他連連點頭說道：「你的話真對，你的話真對。」

從此以後，凡是要採取重要措施，大臣們在一起密謀企劃的計畫、方案，韓昭侯都小心對待，慎之又慎，連晚上睡覺都是獨自一人，因為他擔心自己在熟睡中說夢話時把計畫和策略洩露給別人聽見，以至於誤了國家大事。

在語言的表達藝術中，委婉含蓄是很重要的一種。委婉含蓄的表達比直截了當的說更能展現人的語言修養。直言不諱、開門見山雖然簡單明瞭，但刺激性大，容易使別人的自尊心受到傷害。所以，在勸說他人的時候，委婉含蓄的語言是法寶，又能適應人們的心理上的自尊感，容易產生贊同。

在眾人面前給你的上司留面子

唐太宗李世民是以善於納諫著稱的明君，但也曾因魏徵當面指責他而感到生氣。一次，他在宴請群臣後，酒後吐真言，對長孫無忌說：「魏徵以前在李建成手下共事，盡心盡力，當時確實可惡。我不計前嫌的提拔任用他，直到今日，可以說無愧於後人，但是魏徵每次勸諫我，當不贊同我的意見時，我說話他就默然不應。他這樣做未免太沒禮貌了吧？」長孫無忌勸道：「臣子認為事不可行，才進行勸諫；如果不贊成而附和，恐怕給陛下造成其事可行的印象。」太宗不以為然的說：「他可以當時隨聲附和一下，然後再找機會陳說勸諫嘛！這樣做，君臣雙方不就都有面子了嗎？」

唐太宗的這番話流露出他對尊嚴、面子的關注，也反映了主管的共同心理。

歷史上，因不識時務，不會看主管臉色行事而遭殺頭的人不在少數，其中不泛一些忠心耿耿的英雄豪傑，如三國時的許攸就是因為當面頂撞主管而遭殺頭的。現實中有意無意的給主管丟臉、損害主管的權威、常常刺傷主管的自尊心的也大有人在，因而也常常遭到公報私仇的結果。其實，這不能全怪主管，即使寬容的主管也希望下屬維護他的面子和權威，而對刺激他的人感到不舒服、不順眼。在眾人面前給主管面子，維護主管形象，為其擔責分憂，也是與主管相處時，下屬所必須注意的一個重要問題。

1. 不探聽主管祕密

在工作中，對於主管的祕密，不論是工作祕密還是個人祕密，應該知道的可以知道，不應該知道的，不要強求知道。下屬要控制自己的好奇心，不要有意識的去探聽主管的一些祕密，更不要費盡心機、利用一切關係手段支了解。有時還要主動迴避。有些下屬以在主管身邊工作視為榮耀，喜歡別人從自己嘴裡探密，用以顯示自己的身分。其實，這是一種非常淺薄的做法。下屬不要以談論「主管祕聞」來炫耀；不要把打探主管隱私並亂加猜測、隨便傳播，作為自己高人一等的表現；不要以向親朋好友傳播鮮為人知的主管祕密為樂趣。

2. 絕不傳播主管的閒話

我們常說的「泰山壓不死人，舌頭卻能壓死人」，其實說的就是閒話害人。閒話是一種無聊，背後輿論，它可以敗事，也可以成事；可以幫人，也可以毀譽。它具有刺激、獵奇的特點，與其認真，常會什麼結果也沒有，只會給個人增加煩惱。

下屬在得知主管的一些小道消息時，應立足於維護主管的形象，以巧妙的方法加以應對。首先，不要家醜外揚，附和對主管不利的傳言。無論對主管有什麼意見和看法，不在外邊宣傳，不對外人流露，可以在內部透過討論、批評與自我批評或者協調的辦法加以解決。對自己的主管進行詆毀，等於是在破壞自己的榮譽。其次，揚善不溢美。對主管的宣傳要實事求是，不誇大，不修飾。宣傳主管不是把主管掛在嘴上，而是從實際出發，關鍵時刻用事實說話，以正視聽。再次，要善於聽傳言。聽傳言可以了解大家對主管的真實看法，可以發現工作漏洞。所以，作為下屬，尤其是主管身邊的工作者，要學會聽傳言，正面的、諷刺的、隱晦的都要聽。聽的時候，要沉住氣，也不要隨聲附和。如果涉及到自己的主管，不要辯解，不要否定，但也不要肯定。同時，聽來的傳言要過濾，對於正面的、有積極作用的內容，可以作為工作資訊加以利用。

3. 維護主管的威信

無論是在哪個企業，身為下屬的你一定要懂得維護主管的威信。下屬在主管面前，應有好學虛心的態度，不能頂撞主管，特別是在公開場合更應注意，即使對主管有什麼意見，也應在私下與主管說明；遵從主管指揮，對主管在工作方面的安排、命令應服從;對主管的工作應該全力支援，多出主意，幫助主管做好工作；不要在同事之間隨便議論主管、指責主管；你在給主管提建議時，一定要注意場合，注意維護主管的威信。可以說，維護主管的威信，是下屬和主管相處的基本保證。你維護了主管的威信，當主管一旦發現你忠於企業，定會感激不盡。維護主管的威信，需要從一些點滴做起，一件微不足道的小事就能看出你是否在真正維護主管的威信。

一天，某公司人事處的孫科長正在辦公室批閱檔，這時，本企業一位以愛上訴告狀聞名的退休幹部劉大姐走了進來，說要找董事長。孫科長先熱情的招呼他坐下，然後敲開了董事長辦公室的門，請示董事長如何處置。董事長此時正忙局裡的業務，不想見劉大姐，只非常乾脆的對孫科長說了一句：「告訴他我不在。」就又低頭忙他的去了。孫科長回到自己的辦公室，對劉大姐說：「董事長不在辦公室，你先回去，有什麼事我可以代你轉告。」既然這樣，劉大姐也無話可說，悻悻的離開了人事科。

約過了一個多小時，孫科長起身去檔案室，來到走廊，卻看見董事長與劉大姐在廁所門口握手寒暄並聽到劉大姐說：「剛才孫科長說你不在辦公室！」「哪裡，我一直在啊！」董事長毫不遲疑的回答。孫科長頓感渾身一陣冰涼。

原來，劉大姐離開辦公室以後，並未回家，而是極不甘心的在董事長辦公室的走廊內來回走動，恰巧碰上董事長上廁所，急忙前去打招呼。事後，劉大姐逢人就散布孫科長欺下瞞上，素質太差，沒有資格當人事科長的傳言。孫科長有口難辯。剛開始感到很委屈，後來一想，當主管的這樣做也是出於無奈，當下屬的應注意維護主管的形象，否則將給工作造成不良影響。所以，他從不對人解釋此事，聽到議論，也一笑置之。

在工作中，維護主管的形象也是下屬應具備的素養。由於工作繁忙和其他原因，領導不能或不大願接見某些來訪者，這是正常現象。下屬根據主管的意圖以各種方式回絕來訪，也是工作需要。孫科長遵照主管意圖處理此事無可厚非。尤其難能可貴的是他在遭人誤解時，也能從大局出發，坦然處之。

用讚美拉近與上司之間的距離

人之天性是好聽讚美之詞，上司也是人，同樣不能例外。很多口頭上一般都會表示出極其厭惡下屬拍馬屁的樣子，但他們同時也承認，來自下屬的溢美之詞偶爾也會讓自己很開心。

乾隆皇帝喜歡在處理政事之時品茶、論詩，對茶道頗有見地，並引以為榮。有一天，宰相張廷玉精疲力竭的回到家剛想休息，乾隆忽然來造訪，張廷玉感到莫大的榮幸，稱讚乾隆道：「臣在先帝手裡辦了十三年差，從沒有這個例，哪有皇上來看下臣的！真是折煞老臣了！」張廷玉深知乾隆好茶，命令把家裡的陳年雪水挖出來煎茶給乾隆品嘗。乾隆很高興的招呼隨從坐下，「今兒個我們都是客，不要拘君臣之禮。生而論道品茗，不亦樂乎？」水開時，乾隆親自給各人泡茶，還講了一番茶經，張廷玉聽後由衷的讚美道：「我哪裡懂得這些，只知道吃茶可以解渴提神。一樣的水和茶，卻從沒聞過這樣的香味。」另一位大臣李衛也乘機稱讚道：「皇上聖學淵源，真教人瞠目結舌，吃一口茶竟然有這麼多的學問！」乾隆聽後心花怒放，談興大發，從「茶乃水中君子、酒乃水中小人」開始論起「寬猛之道」。真是妙語如珠、滔滔不絕，眾臣洗耳恭聽。乾隆的話剛結束，張廷玉讚道：「下臣在上書房辦差幾十年，只要不病，與聖祖、先帝算是朝夕相伴。午夜捫心，憑天良說話，私心裡常也有聖祖寬，世宗嚴，一朝天子一朝臣這個想頭。我為臣子的，盡忠盡職而已。對陛下的旨意，盡力往好處辦，以為這就是賢能宰相。今兒個皇上這番宏論，從孔孟仁恕之道發端，譬講三朝政綱，雖然只是三個字『趨中庸』，卻發聾振聵，令人心目一開。皇上聖學，真是到了登峰造極的地步。」其他人也都隨聲附和，乾隆大大滿足了一把。張廷玉和李衛作為乾隆的臣下，都深知乾隆對自己的雜經和「宏論」引以為豪。而張李二人便投其所好，對其大加讚美，達到了取悅皇帝的目的。

讚美上司是管理者與上司做好關係的「潤滑劑」。讚揚與欣賞上司的某個特點，意味著肯定這個特點。只要是優點、是長處，對集體有利，你可毫不顧忌的表示你的讚美之情。上司也是人，也需要從別人的評價中，了解自己的成就及在別人心目中的地位，當受到稱讚時，他的自尊心會得到滿足，並對稱讚者產生好感。

其實，在每個人的內心深處都渴望被恭維、被讚美，當沒有人恭維時，我們會感到很失落，但恭維過了頭，我們又感到羞愧難當，而恭維不恰當時，我們會很難堪。所以，讚美上司要掌握方式方法，否則不但達不到意向的效果，還會弄巧成拙。

一個公司的職員小張在做好自己本職任務的同時，在工作之餘結合自己工作寫了一篇文章，他這樣稱讚自己的上司：「您在企業工作真是一個錯誤的選擇，如果你專門研究經營管理，我相信你一定會成為商務管理的專家，會有更加突出的成果問世。」

上司看完小張的一席話，不滿的說：「你的意思是說我不適合做公司的總經理，只有另謀他職了？」見總經理產生了誤解，本來想給總經理「戴高帽」的小張嚇得頭冒虛汗，連忙解釋說：「不，不，不，我不是這個意思，我是說……」

還是祕書過來替小張打個圓場，說道：「小張的意思是說您是個多才多藝的人，不僅本職工作做得好，其他方面也非常出色。」

無獨有偶。春節將至，某公司經理決定發給每個職工五百元過節獎金。員工陳小姐高興的跳起來，對經理說：「太好了，你想的真周到，我正好手頭上缺錢用，這下子可派上用場了！」經理聽後不但沒有高興起來，反而覺得陳小姐是個很自私、狹隘的人。而另一位員工張小姐卻是這樣稱讚經理的：「經理，不是我奉承你，大家都在暗地裡對你翹大拇指，說您真會關心、體諒人，跟著您做算是找對人了！」

可見，同是稱讚一個人，稱讚一件事，不同的表達方法，達到的效果卻完全不同。所以，稱讚上司要注意注意方式、方法，否則不僅沒有達到讚美的效果，上司不喜歡聽，還容易得罪上司。

讚美上司時一定要真誠。讚美上司絕不是刻意吹捧、阿諛奉承，更不是言不由衷、虛情假意。否則，只會讓上司感到肉麻，同時也折射出吹捧人背後可能隱藏著某種不良的動機。真誠的讚美應該是對上司的優點由衷欣賞和認可，並且是針對上司的某種具體業績和行為來展開的。讓讚揚成為一種尊重上司的方式，一種肯定上司的態度，這樣的讚揚才能真正有效。

某出版的李社長率領參觀團到某印刷廠調查研究，該廠廠長親自出來迎接。參觀團的張祕書搶在前頭把李社長介紹給對方，說道：「這就是你們盼望已久的李社長，一九八〇年代的印刷勞工模範，是印刷業的行家。因為惦記著印刷業的發展，特地選擇了貴廠來參觀學習。」印刷廠廠長聽了趕緊上去握手，道：「歡迎李社長屈駕鄙廠，我們應當向您這個印刷勞工模範學習才是。」接洽非常成功，張祕書的幾句話起的作用非常明顯，使大家感覺到李局長來參觀確實會達到很大作用，他不是來吃吃喝喝的。

讚美上司實在是一件悅人悅己的事，它是一門比較特殊的藝術，如能恰當適宜的讚美上司，就會增加你與主管之間的感情，縮短與上司之間的距離。

正確對待上級主管的批評

作為一名管理者，要正確對待批評。這是基本素養要求。

人無完人。在工作中，管理者也會出現失誤或者犯錯誤的時候，被上級主管批評也是常有的事情。但在面對主管的批評時，如何對待、如何接受，卻是一門學問，更是一種藝術。

王香玉在公司中的銷售成績一向是沒人可比的，但最近幾個月以來卻越來越不理想。銷售部經理想了半天，終於找到了答案：有一次，王香玉私自吃一個中級批發商的回扣，被銷售部經理狠狠批評了一頓後，她就再也沒了以前的幹勁了。「小王，你到我辦公室來一趟！」銷售部經理「啪」的一聲掛了電話，讓剛剛和同事還有說有笑的小王一下子心驚膽戰，硬著頭皮走進了經理辦公室。「你這個月的銷售成績怎麼這麼差啊？你看看人家小鄧，剛來兩個月的工夫業績就飆到本月第一名。你以為我能讓你拿這麼多的薪水，我就不能讓別人拿的比你更高？再這樣下去，你這個銷售冠軍還能坐多久？」還沒等小王開口，坐在主管椅上的經理就一頓連環珠炮般的轟炸，順便把一疊厚厚的報表扔在小王面前。「經理，我……我有我的解釋。」小王本想找個藉口，說說自己的理由。但銷售部經理早看透了她的心思：「你別說了，你回去好好反省吧。我再給你一個月的機會，要是下個月你的業績……你自己看著吧。」

也許，主管在批評下屬的時候，態度堅決了一些，立場堅定了一些，語氣強硬了一些，措辭嚴厲了一些。但毫無疑問，也不容置疑，主管的批評是善意的，也是誠懇的，出發點肯定是好的，意在幫助下屬不斷提升，不斷進步，可謂用心良苦，實乃苦口良藥，忠言逆耳。因此，管理者對待上級主管的批評要懷著積極的心態去應對，虛心接受主管批評，做到欣然受之，泰然受之，而不要老是埋怨甚至是消極對待。當然有些時候主管是在沒有全面了解真實原因的情況下批評了我們，有些莫須有的罪名還使我們感到十分委屈。每每碰到這種情況我們就要抱著有則改之無則勉之的思想去對待，千萬不要當場與主管頂撞，讓主管下不了台，把情勢惡化，也不要把主管的批評當成思想壓力和包袱。

在某公司，關美娟一直是一位業績第一的員工，一次她認為公司一項具體的工作流程是應該改進的，就和主管包括部門經理提出，但卻沒有受到重視，主管反而認為她多管閒事。一天，她就私自違犯工作流程。主管發現了就帶著情緒批評了她。而她不但不改，反而認為主管有私心，於是就和主管吵翻了，並退出了工作職位。主管將此事反映到部門經那裡，經理也帶著情緒嚴肅批評了關美娟，她卻置若罔聞。於是經理和主管就決定嚴懲，開除她或扣三個月的獎金。關美娟拒不接受。於是部門經理就把問題報告給了公司總經理。總經理為了維護公司的利益及制度，對關美娟毅然實施了處罰。

面對批評，很多人的第一反應往往是情緒激動，並試圖為自己的過失尋求開脫和辯解，特別是在受到誤解時。然而在情緒激動時的辯解多數會轉化成無謂的爭吵。跟主管爭吵顯然是不明智的，你的激動會強化對方的激動情緒，而你的冷靜可能會基本上平息對方的怒氣。讓批評你的主管平靜下來，對你是有利的。也只有冷靜，才能對自己在此事件中的表現做出及時、客觀的自我評價。

張寶常大學畢業後就在公司上班。五年以來，張寶常一直保持少說多做的作風，和誰都不多說話，別人說什麼他都認為與自己無關。有時候，即使別人說了對他不利的話，他也覺得無所謂，因為他認為只要做好自己的工作，主管自然會看得到，肯定不會虧待自己的。

讓張寶常沒有想到的事情還是發生了。那天他正在做一個新的工作任務，主管怒氣衝衝的來到他面前，將一個檔「啪」的摔到了他的桌子上，怒吼：「張寶常，你在這裡也不是一天兩天了，怎麼連這點事都做不好呢？簡直是一塌糊塗！」

張寶常正在專心工作，被這突如其來的批評一下子給弄懵了。他拿過檔來一看，發現上面雖然簽的是他的名字，但卻不是他做的檔案。於是他平心靜氣說：「這個檔不是我做的，雖然寫的是我的名字……」聽了這話，主管更加惱怒：「不是你做的是誰做的？寫的就是你張寶常的名字，你以為我不識字呀？也不知道你們現在這些年輕人是怎麼了，總喜歡推卸責任！」

主管的話讓張寶常非常生氣，他覺得自己在公司辛辛苦苦的工作了五年，別說這份報告不是自己寫的，即便是，出了什麼錯誤，也不至於對自己發這麼大的火啊！何況還當著辦公室裡這麼多人的面向自己發火，難道就不能給自己留個面子嗎？連最起碼的尊重也不給！於是，張寶常壓住火氣說：「我想，從今天開始，你再也不是我的主管了！」

主管愣了一下，問：「你這是什麼意思？」張寶常平靜的說：「我要辭職！」主管指著檔案問：「這報告怎麼解釋？你要賠償我損失！」張寶常拿起文件：「我不做了，你要損失，上法院告我去吧！」說完張寶常就離開了，一點也沒有惋惜這五年來的辛苦和成就，一點後路也沒有給自己留。

半年後，張寶常再次遇到那位主管，他才知道，當時主管的舉動完全是為了考驗一下張寶常的應變能力，因為他當時想把張寶常調到公關部門去擔任主任職務，而外聯工作需要很多的應變能力。五年來，張寶常給他的印象是工作踏實、性格沉穩，但不知道他處理突發事件的能力如何。所以，他就想出了那個主意。張寶常聽了之後心裡十分懊悔。他知道一切都太遲了，他徹底失敗在那個被主管安排好的測試中……

錯誤的批評也有可接受的東西，一定要虛心接受，有句俗話叫做「有則改之，無則加勉」。有些管理者善於「利用」批評，主管批評你是因為你還可以提高，是想你好才批評的。如果你能虛心的接受，不爭辯，主管會覺得你態度好，值得培養。如果你不服氣，發牢騷，可以使你和主管的感情拉大距離，關係惡化。當主管認為你「批評不得、忍受力差」時，也就是認為你「難以提拔」。

接受批評就等於你與上司之間的一種溝通。當他開始批評你的時候，也就代表他已經開始將你視作真正的工作夥伴。因此，不要討厭或害怕挨批。實際上，幾乎沒有人以次批評也沒有挨過。你應好好利用這些機會，把接受批評當成一種重要的溝通方式，並能利用誠懇的態度給上司留下良好的印象。

不要在言語上頂撞上司

生活中，我們常常會遇到這樣的事：有些人在公開場合或是在周圍同事眾目睽睽之下，受到上司的批評指責，覺得面子掛不住，然後失去冷靜，反駁上司，甚至是當面頂撞上司。這樣一來雖然呈現出一時的「痛快」，但是留給上司的卻是加倍的震怒和斥責，最終受害的還是自己。

孫偉在一家商貿公司工作。一天，公司經理由於與外商談判進行得非常不順利，本來談妥的事情又中途變卦。當他怒氣衝衝的回到辦公室，見到辦公室亂七八糟，心情更加煩躁，不分青紅皂白就大罵起來。此時，孫偉正在慢條斯理的看報紙，以為主管是沖著他來的，加上平時就覺得主管好像對他有意見，心想：自己的工作做完了，看會報紙還挨罵。於是與經理爭吵起來。另一位同事連忙過來，向經理問明瞭情況，主管此時也有些醒悟過來，直言：心情不好，不好意思。對孫偉卻悻悻然，感到孫偉不懂事。

可見，在言語上頂撞上司，不但解決不了任何的問題，還會與上司之間的關係鬧僵，這是對自己最大的不利。所以在工作中，你要明確自己與上司的位置，要虛心接受上司的教誨。當受到批評時，最忌當面頂撞。既然是公開場合，你下不了台，反過來也會使上司下不了台。

一般而言，既為上司，定有其為上司的理由，在其潛意識中有著某些優越感和自信心，同時也有著更為強烈的尊嚴感。在行使權力、下達指示的時候，都喜歡下屬能很好的執行，使工作朝著自己所預想的目標發展。這是上司尊嚴感的集中展現。如果你在言語上頂撞上司，這無異於在挑釁上司的權威與尊嚴，勢必激起上司的反感與厭惡，也很可能使得上司失去理智，不去考慮其中的是非曲直，而只會惱羞成怒，視該下屬為敵。

某公司宣傳科長小劉就是由於頂撞上級主管而斷送了前程。在遞交一份材料給經理時，這位經理提筆改動了材料中引用的某報紙的一段話。

「這句話不能改。」胡科長告訴經理。

「為什麼不能改？」

「這是引用報上的原文！」

「報紙也有錯的時候！」經理顯然不高興了。

「不用這段話也行，但改動原文恐怕不太好。」胡科長還在堅持自己的意見。

「我就是要改！」經理有些惱火。

胡科長怏怏而去。

經理記住了一個小小宣傳科長對他的不尊重。每次研究擬提幹部時，最具備實力的「大秀才」小劉，都由於某種原因而被「擱置」了。

無獨有偶。劉小蕾的上司是個能力出眾的人，比較欣賞劉小蕾的工作能力，但是有一次，兩人之間產生了糾紛。上司將一項重要工作交給劉小蕾來完成，在中途檢查中，上司覺得劉小蕾的想法同自己的預想不太一樣，便提出了許多意見，讓劉小蕾改正。實際上，劉小蕾現在的方案實行起來可能會穫得更好的效果，上司所提出來的一些建議實際上並沒有什麼採納的價值，於是劉小蕾沒有經過思考，就將她的想法全都說了出來，弄得上司很不高興，最後，劉小蕾還是沒有修改她的方案。事情的結果出乎她的意料，劉小蕾的計畫確實出現了一點問題，上司這下子有話說了，對她的工作挑三揀四，並大加斥責，面對上司的責難，劉小蕾覺得自己很委屈，心直口快的她，為自己辯解了兩句，劉小蕾的上司因此感到更不滿意了，覺得劉小蕾是在為自己的「問題」找藉口，嚴厲的批評了劉小蕾並對她印象大減。

受到上司批評時，反覆糾纏、爭辯，希望弄個一清二楚，這是很沒有必要的。確有冤情，確有誤解怎麼辦？可找一兩次機會說明一下，點到為止。

即使上司沒有為你「平反昭雪」，也完全用不著糾纏不休。如果你不服氣，發牢騷，那麼，你這種做法產生的負面效應，足以使你和上司的感情拉大距離，關係惡化。

余春曉為一家公司工作六七年了，其間風風雨雨的大事小事發生了不少，但有一件事情讓余春曉記憶猶新，意義深遠。

那是一個星期天，員工們對公司模具部門的工模進行盤點，作為主要負責人的余春曉對盤點事項做了詳細的安排，大家在悶熱的生產線裡忙忙碌碌，有條不紊的進行著各項工作。余春曉的主管不知什麼時候過來了，看了余春曉的工作步驟後斷然說：「停下來，停下來！」然後又指點余春曉應該如何如何，余春曉跟他解釋說自己的方法是怎樣怎樣的，這也是他多年來的經驗累積，並且大家都已熟悉了這種方法，工作進行得很好，你的指示雖好，但用於模具盤點不合適。主管立即陰沉了臉，非常惱火的命令余春曉，必須按他說的要求去做。因為他的指示裡含有明顯的漏洞，余春曉當然覺得自己有理，就據理力爭，接下來難以自控的與主管發生了激烈的爭吵，雙方都暴跳如雷。最後余春曉說，既然你那麼堅持，那你就讓他們按你說的去做吧，余春曉不想這樣做，說完他就離開了生產線。事後，余春曉問過同事，他們最後還是遵循了余春曉的方法，主管的提議在實際工作中根本行不通。

之後，余春曉的工作依然像以前一樣忙碌，主管也沒有再提什麼，這事也就漸漸淡忘了，只是每次同事獲得加薪或晉升，而余春曉卻靠邊站。倆人見面的時候，他對余春曉歉意的一笑，意味深長的眼光，讓余春曉猛然醒悟到什麼，余春曉知道，其實這件事情還沒有過去，至少對他而言如此。

余春曉選擇了離開。離開公司的那天，余春曉的內心很平靜，波瀾不驚的跟主管談了自己的想法和原因，然後客氣的相互祝願。但臨走的一刻，余春曉還是忍不住問了他：自己一次次的晉升無望是不是因為那件事，主管先是搖了搖頭，後又肯定的點了點頭，說：「你要記住，沒有哪個主管願意被人頂撞，哪怕是只有一次！」

與上司有意見分歧時，可以開誠布公的談，但要注意方式方法。要盡量用平和、謙遜、商量和探討的口吻闡述自己的觀點和意見。語言行為不能偏激，如果當面頂上，後果可能很嚴重。因此，不要公開頂撞上司，不要讓上司下不了台，爭取理智的溝通解決。

董某開始是一家機電有限公司的保安科副科長。他工作扎實，盡心盡力，在公司有較好的口碑。有一天早晨，他剛走進公司大門，便被財務部經理叫到了辦公室。「董科長，你們保安科是做什麼的，昨天晚上安排幾個人值班？值班時都在做什麼？」財務經理衝著他劈頭蓋臉就是一頓斥責：「你有不可推卸的責任，你當月的獎金全部扣除。」董某心裡不明白到底發生了什麼事，話又說回來，即使有事也怪不上自己。昨天晚上他休假，由陳科長帶班呀！再說，保安科又不歸財務部管，憑什麼財務部來指手畫腳啊！董某滿腹委屈無處說。

事後，董某才搞清楚了事情的起因。原來，昨天晚上幾個盜賊潛進公司財務室，盜走了一筆購料款，財務經理為此才發的火。儘管這樣，責任不在自己，為什麼要訓斥我，還要扣掉當月獎金呢？董某思來想去始終想不通。心高氣傲的他，委屈得直想哭。心想，自己平時工作那麼認真，為了公司的安全付出了多麼大的心血呀！財務經理憑什麼要處罰自己呢？

他很想找公司主管論理，以期向財務經理討個說法。可轉念又想：「人在屋簷下，怎能不低頭？如果為了這點事破壞了自己以往的形象實在有些不划算。打掉門牙嚥下肚，權且當一次代罪羔羊吧！」發生這件事後，董某沒有把自己的情緒帶進工作中，依然兢兢業業，依然任勞任怨，甚至見了財務經理依然彬彬有禮，好像什麼也沒有發生。

後來，警察破獲了那天晚上的盜竊案，保安科陳科長因涉嫌此案被依法逮捕了。不久，財務經理當面向董某道歉，並向公司主管極力舉薦董某當保安科科長，董某的晉級報告馬上得到公司的批准。

試想，如果董某在受到財務經理批評以後，委屈憤恨去找對方爭辯一通，怎麼會坐到這個位子？因此管理者在和上級主管相處的時候，要學會維護主管的面子，學會承受被批評、被錯怪、被無端訓斥所帶來的苦痛。不能頂撞、不能爭辯、更不能和主管唱對台戲。只有這樣，才是真正維護主管，使主管不厭惡、不排斥你。

說話謙虛，不要搶了上司的風頭

在現實生活中，有些管理者自命不凡或者自作聰明，不甘低調行事，總希望透過在上司面前展示自己的才能來獲得好評。殊不知，這種自我表現很可能會搶了上司的風頭，觸犯職場的潛規則。

王剛是一家某公司的銷售員，平日總是自恃才高，對公司做出過很大貢獻，目空一切，和老闆在一起時便常常忘記自己的身分，過分表現自己，搶老闆的風頭。

有一天，王剛正在和老闆一起商量事情，正好有客戶來訪。於是，他立即搶在老闆前面與客戶握手、寒暄。交談時，本該說話的是老闆，他也替老闆說了，給人感覺他才是公司的老闆，完全忽略了老闆的存在。

送走客戶，老闆終於忍不住把他批評了一通，說他目無主管，不清楚自己的職位。本來老闆是準備提拔提拔他的，從此以後，這個想法也就打消了。

王剛之所以會落到如此地步，就是因為他過分展現自我，搶了老闆的風頭，所以被老闆訓斥也就是情理之中的事了。

任何時候都不要當著上司在很多人面前表現自己，特別是不能在眾人面前搶上司的風頭。在公眾場合中，在上司面前表現得愚鈍一點才是聰明之舉。搶上司的風頭，並不能證明你比他強，只有用你的愚鈍顯示出上司的聰明才是高招。

江濤是某雜誌社的編輯，他很有才氣，由他主編的雜誌很受讀者的歡迎，有一次，還得到創新獎。一開始他還很高興，但過了一段時間，他卻失去了笑容。他發現，上司最近常給他臉色看。

事情是這樣的：江濤得了創新獎，受到了上級主管的好評，因此除了新聞部門頒發的獎金之外，另外給了他一個紅包，並且當眾表揚他的工作成績，並且誇他是當主編的材料。但是他自表其功，並沒有現場感謝上司和同事們的協助，從此他的上司處處為難他。原來，江濤的鋒芒已經蓋過了他的上司，讓他產生了戒備的心理。

按常理來說，雜誌之所以能得獎，江濤貢獻最大，但是當有「好處」時，別人並不會認為誰才是唯一的功臣，總是認為自己「沒有功勞也有苦勞」，所以江濤的鋒芒，當然就引起別人的不舒服了，尤其是他的上司，更因此而產生不安全感，害怕失去權力，為了鞏固自己的主管地位，江濤自然就沒有好日子過了。遺憾的是，江濤一直沒弄清原因，結果三個月後就因為待不下去而辭職了。

由此可見，上司最忌諱下屬自表其功，自矜其能。這很容易會遭到上司的猜忌、排斥和嫉恨。如果你能聰明的把用汗水和心血換來的功勞大方奉獻給上司，不搶風頭，不功高震主，你將會有晉升和加薪的機會。

作為下屬，重要的一點是給自己準確定位，既不能有意識的壓低自己，讓上司看不起你，又不能隨意抬高自己，搶盡上司的風頭，給上司造成心理和精神壓力，其結果對自己當然是非常不利的。所以要切記：身在職場，永遠也不要搶上司的風頭。

乾隆年間，紀曉嵐以過人的才智名揚全國，深得皇上賞識。有一天，乾隆宴請大臣。大臣們吃得很開心，飲得也很暢快。乾隆又詩興大發了，他出了上聯：「玉帝行兵，風刀雨箭雲旗雷鼓天為陣。」

乾隆皇帝要求百官對下聯，竟然沒人能對得上。乾隆皇帝這下更來興致了，他想顯示他本人的才華，便點名要紀曉嵐答對，想出一下這位大才子的醜。不料，紀曉嵐卻把下聯對上來了：「龍王設宴，日燈月燭山餚海酒地當盤。」話音剛落，群臣讚歎。

乾隆皇帝聽後，卻不高興了。他面有怒色，半日沉吟不語。大家頗為納悶。紀曉嵐當然明白是自己得罪了皇上，便接著說：「聖上為天子，所以風、雨、雲、雷都歸您調遣，威震天下;小臣酒囊飯袋，所以希望連日、月、山、海都能在酒席之中。可見，聖上是好大神威，而小臣我只不過是好大肚皮而已。」乾隆一聽，立即笑顏逐開，連忙表揚紀曉嵐，說：「飯量雖好，但若無胸藏萬卷之書，又哪有這麼大的肚皮。」

乾隆出的上聯顯示了一代帝王的豪邁氣概，不料紀曉嵐下聯一出，十分工整，顯不出乾隆上聯的才氣。乾隆一聽，自然不快。幸好，紀曉嵐及時發現並為自己開脫，有意抬高乾隆，貶低自己。自然，君臣一唱一和，大家都高興。

古人云：「木秀於林，風必摧之。」每個人都有不安全感。當你在上司面前展現自己、顯露才華時，很自然會激起上司的怨恨及妒忌，這是可以預期的。所以作為管理者，如果你想給上司留下好的、深刻的印象，那麼你千萬不能表現過頭，炫耀自己的才能往往會適得其反。因為這會引起上司們的恐懼和不安。你要想辦法讓你的上司們看起來有一種優越感，感覺自己高人一等。這樣，你將會獲得權力的提升。

一個人的成長和進步是離不開上司的栽培和提攜的。要想獲得上司的欣賞，與之相處之時首要一點就是維護他的權威，懂得他內心深處的需求。只有體察到他的行事意圖，才能夠成為上司工作中的得力助手，不會因不慎的言辭使自己的事業橫生枝節。

龔遂是漢宣帝時代一名能幹的大臣。當時渤海一帶災害連年，百姓生活疾苦，紛紛起來造反。當地官員鎮壓無效，漢宣帝只能派年近七十的龔遂去任渤海太守。

龔遂就任後，安撫百姓，鼓勵農民墾田種桑，規定農家每口人種一株榆樹，一百棵茭白，五十棵蔥，一畦韭菜；養兩口母豬，五隻雞。對於那些心存戒備，依然每天帶著劍的人，他勸慰道：「幹麼不將劍賣了買頭牛？」

經過幾年的整治，渤海一帶社會安定，百姓安居樂業，龔遂也名聲大震。於是漢宣帝召他還朝。他有一個屬吏王先生，請求與他一起去長安，並對他說：「我對你會有好處的。」然而，此人經常一天到晚喝得醉醺醺的，其他屬吏都反對他去，怕他壞事，但龔遂還是帶他一起上了長安。

一天，皇帝要召見龔遂，王先生便對看門人說：「去將我的主人叫來，我有話要對他說。」

儘管王先生整天一副醉漢的嘴臉，但龔遂也不計較，還真來了。王先生問：「天子如果問大人是如何整治渤海的，大人如何回答？」

「我就說任用賢才，使人各盡其能，嚴格執法，賞罰分明。」龔遂說。

王先生連連搖頭道：「不好不好，這樣說豈不是自誇其功嗎？大人要這樣回答：『這不是微臣的功勞，是天子的神靈威武所感化！』」

龔遂接受了他的建議，按他的話回答了漢宣帝。宣帝果然非常高興，並將龔遂留在身邊，任以顯要且輕閒的官職。

龔遂正是由於說話謙虛，將功績歸於漢宣帝，才讓自己的晚年更加有了著落。

永遠不要讓你的光芒遮蓋了你的上司。上司畢竟是上司，他需要一種絕對的權威，需要下屬對他的認可、敬畏和服從，這也是上司的價值和尊嚴所在。職場中遇到出風頭的事，一定要多思量，考慮周全。做事情把握分寸，要到位而不要越位，總是比上司矮一截，或是適當把功勞讓給上司。任何情況下不讓上司覺得你是對他有威脅的，能夠做到這些，你自然就能夠在陷阱重重的權力森林中得以自保，進而提升自我，獲得事業的成功。

第九章
融洽關係，管理者化解矛盾的語言技巧

人與人相處，難免會有矛盾和衝突，作為一個管理者也不例外。正確對待企業內部的人與人、人與組織的關係，是管理者掌握需要掌握的重要技能之一。因此，每個管理者都應從全域著想，認真對待這個問題，要善於處理企業內的衝突和矛盾。

化敵為友，善於駕馭反對者

在企業中，很多管理者都會有自己的反對者，這是不可迴避的事實。但在這一共同事實面前，則因管理者個體素養、所持態度、處理問題方法的不同而效果就不一樣。有的面對反對者惱羞成怒，視為眼中釘，有的無可奈何、束手無策、聽之任之，有的則是虛懷若谷統帥有方、駕馭有餘，這其中大有學問。聰明的管理者都會駕馭反對者，變反對者為支持者，化消極因素為有利因素，讓反對者忠心耿耿為自己服務。

1. 弄清反對的原因，對症下藥

反對者反對自己的原因是多種多樣的，只有弄清楚，方能對症下藥。有的是思想認識問題，一時轉不過彎來。對於反對者切不可操之過急，而應多做說服工作。實在相持不下，一時難以統一，不妨說一句：還是等實踐來下結論吧。有的下屬反對自己是因為自己的思想方法欠妥或主觀武斷，脫離實際;或處事不公，失之偏頗。對於這種反對者最好的處理方法就是從善如流，在以後的行動中來自覺糾正。還有的反對者則是因為其個人目的未達到，或自己堅持原則得罪過他。對於這種人，一方面要團結他，一方面要旗幟鮮明的指出他的問題，給予嚴肅的批評和教育，切不可拿原則作為交易，求得一時的安寧和和氣。總之，管理者要冷靜的分析反對者反對自己的原因，做到有的放矢，對症下藥。

2. 為人處事要公正公平

這是一個正直、成熟的管理者的基本素養，也是取得下屬擁護和愛戴的重要一條。反對者最擔心也是最痛恨管理者挾嫌報復、處事不公。管理者必須懂得和了解反對者這一心理，對擁護和反對自己的人要一視同仁，切不可因親而賞，因疏而罰，搞那套「順我者昌，逆我者亡」的封建官場作風。只有這樣，反對者才能消除積慮和成見，與你走到同一條道路。

3. 以心換心，真誠的關懷下屬

下屬總有自身難解決的問題，需要管理者去協調、去解決。作為管理者理應關心他們的疾苦，決不可袖手旁觀，置之不理，尤其是主動幫助那些平常反對過自己的人（這是溝通思想的好機會）。只要符合條件、符合政策，就應毫不猶豫的幫助他們解決實際問題。哪怕一時沒辦到，但只要你盡了努力，他們也會銘記在心，備受感動。相信只要你付出真情，自然會得到回報，他們就會變反對為支持。那麼你所領導的群體就一定會出現一個眾志成城、生機勃勃的局面。

4. 善於納諫，敢於承擔過失

一個管理者必須具備虛懷若谷的胸懷，容納諍言的雅量，要捫心自問，檢討自己的錯誤，並且在自己的反對者面前要勇於承認錯誤。這不但不會失去威信，反而會提高權威。對方會因為你的認錯更加尊重你而與你合作。千萬不可居高臨下，壓服別人，一味指責對方過錯，從不承認自己不對。即使心裡承認但口頭上卻拒不承認，怕失面子，這是不可取的，也是反對者最不能接受的。

5. 親者從嚴，疏者從寬

一個群體內部有親疏之分，管理者與被管理者之間也是如此，無論你承認與否，這是不可否認的一個客觀存在。因為在一個公司中總有一部分同事由於思想、性情、志趣與自己接近，容易產生共鳴，獲得好感，贏得信任，這種親近關係常會無意中流露出來。而那些經常反對自己的人，在一般人看來是不討主管喜歡的，無疑與主管的關係是「疏」的。一個管理者與被管理者之間的「親疏」，是下屬最為敏感的問題。如果一個管理者對親近自己的恩愛有加、袒護包容，而對疏遠者冷落淡漠，苛刻刁難，那麼團體內部必然產生分裂，滋生派性。正確的方法應該是親者從嚴，疏者從寬。也就是說對親近者要求從嚴，而對疏遠者則要寬容一點。這樣可以使反對自己的人達到心理平衡，迅速消除彼此間的隔閡和對立情緒。

適當沉默也是解決問題的良方

人們常說：沉默是金，開口是銀。一句簡簡單單的話卻道出了人際交往中的一條重要規律。在與下屬進行溝通時，管理者適當使用「沉默」這個殺手鐧，不僅能幫你解決棘手的問題，而且還可以讓你的溝通能力錦上添花，展現管理者的權威。

現實中，不少管理者在與下屬交流時常常說的多聽的少，其實過於「健談」已經引起了下屬的不滿。不要以為一位面面俱到的管理者，就是一位無微不至的好管理者，你的嘮嘮叨叨、囉囉嗦嗦會使你周圍的人把握不住你說話的要點。年輕的下屬會覺得你婆婆媽媽，不夠爽快俐落；年老的下屬會認為你不尊重他們，否定了他們的辦事能力。久而久之，你便會成為他們厭煩的對象和不願接近的人。其實，適當的沉默才是你處理與下屬關係的智慧寶石，巧妙的運用它，你將會得到意想不到的收穫。

1. 責過無聲勝有聲

在你批評員工時，適當的沉默可以達到「此時無聲勝有聲」的效果。通常來講，當你批評下屬時，他的情緒波動是很大的。「你呀你，你看你怎麼搞的，我不是早就告訴你了嗎？你還……」每個人都有自尊心，成年後更是覺得面子是很重要的。也許你只是想苦口婆心的勸導他一番，並無他意。但是你無形中卻傷了下屬們的自尊心，讓他們覺得顏面掛不住，產生了索性「自甘墮落」的心理，那你的批評豈不是得不償失？若是你在適度的批評之後保持沉默，相信這更是一種對當事人的威懾。一方面，下屬會因為你的「點到而止」感謝你為他們保留了顏面，另一方面也顯示出了你寬廣的胸懷。你的沉默並非是對錯誤的遷就，而是留給了對方一個自省的餘地。

在一座寺廟裡，有一位德高望重的長老，他手下有一個非常不聽話的小和尚。這個小和尚總是三更半夜翻牆而出，早上天未亮再翻牆而入。長老一直想批評這個小和尚，但苦於沒有罪證。

這一天深夜，長老在寺廟裡巡夜，在寺院的高牆邊發現一把椅子。他知道必定是那個小和尚借此翻牆到寺外。於是，長老悄悄的搬走了椅子，自己就在原地守候。

午夜，外出的小和尚回來了。他爬上牆，再跳到「椅子」上。突然，他感覺「椅子」不似先前硬，軟軟的甚至有點彈性。落地後的小和尚才知道，椅子已換成了長老，小和尚嚇得倉皇離去。

在以後的日子裡，小和尚覺得度日如年，他天天都誠惶誠恐的等候著長老對他的懲罰，但長老依舊和從前一樣，對這件事隻字未提。

小和尚覺得再也無法忍受了，他不想每天都在煎熬中度過。於是，他鼓起勇氣找到長老，誠懇的認了錯，哪知長老寬容的笑了笑，說：「不用擔心，這件事只有天知地知你知我知，你還怕什麼？」

小和尚從此備受鼓舞，他收住心，再也沒有翻過牆。透過刻苦的修練，小和尚成了寺院裡的佼佼者。若干年後，老和尚圓寂，小和尚成了長老。

2. 用沉默調解爭執

當員工之間發生爭執時，適當的沉默可以是你的緩兵之計。爭執的雙方為了尋求一個說法，也許會將你—他們心目中的權威者拉入其中，讓你做個公斷。在沒有經過深思熟慮之前，你絕不可以表明自己的立場—即便你已經知道了誰對誰錯，在雙方還面紅耳赤的爭執，誰都不願意讓步時，你的公斷根本不會達到預期的效果，只會使一方的自尊心受挫，認為你是有意偏袒。此時，適當的沉默才是你最好的選擇。待到雙方頭腦冷靜後，你再公正的做出評價，其效果必定會事半功倍。

3. 沉默讓小報告自生自滅

搬弄是非的人似乎在哪裡都能找到生存的環境。當你的組織中也存在著一小撮喜歡打「小報告」的人時，對待他們最好的辦法就是保持沉默。沉默並不是對搬弄是非者的縱容，而是基本上制止了是非的蔓延。試想，如果你對那些臨時「人事祕書」們的小道消息表示出了興趣，他們一定會更加肆無忌憚，必定會鬧得滿城風雨，到時，你良好的人際關係會被攪得一塌糊塗。而若是你選擇了沉默，他們必定會索然無味的從你身邊走開，小道消息也就失去了傳播的源頭。

總之，適當沉默是管理者處理人際關係的無聲「武器」，它會讓你在與下屬的溝通中暢通無阻。

虛心聽取下屬的意見

在工作中，許多管理者因為所處的位置和權力欲的膨脹，最容易犯的錯誤就是獨斷專行，一言堂，他們往往不能聽取他人的規諫，不能容忍他人和自己意見相左，容易造成與下屬之間的矛盾。

某建築公司的一位工程部經理向他的一位下屬說明了自己對某項工程的觀點，這位下屬覺得其中有許多不合理的地方，便小心謹慎的想提出一些建議性的意見。誰知上司聽了卻大發雷霆：「究竟你是老闆，還是我是老闆，究竟是你說了算，還是我說了算。」下屬啞口無言，只好按上司所說的去做。但是事情的結果卻大大出於上司的意料之外，按他所說的觀點設計出來的圖樣不符合客戶的要求，遭到客戶的強烈反對。上司只好要求下屬重新進行改進，下屬大為不滿，衝突也就在所難免了。

試想一下，如果這位工程部經理起初認真聽取下屬的意見，事情也不會鬧到這種不可收拾的地步，與下屬的矛盾也就不會發生。人們常說：「兼聽則明，偏信則暗」，管理者只有廣泛聽取多方面的意見，包括聽取不同意見，才能把問題考慮得更周到、更全面一些，才能盡可能的去做好每一項工作，做好每一件事。從管理角度來說，多聽聽反面意見可以團結持有不同意見的下屬，為他們的意見找到一定的管道宣洩，這有利於化解組織內部的矛盾。從另一個角度去考慮，作為管理者，虛心的傾聽下屬的意見和建議，下屬還會產生一種被重視的感覺，從而更加的賣力工作。同時，也能展現出管理者的一種大將的風度，提高主管的威信。

漢初，劉邦、項羽爭霸，楚漢戰爭中項羽被逼得烏江畔橫劍自刎。究其敗因和劉邦取勝之道，不能不承認，劉邦用人之術高於項羽一籌，劉邦善於聽取部下意見，能夠做到虛心接受，正確採納。當時，劉邦手下有蕭何、張良、韓信輔佑。劉邦善於用人，廣泛聽取手下謀臣武將的意見，集中大家的智慧，幫自己排除異己，一統天下。

而項羽則不會用人。其手下也絕非沒有良才，其亞父范增老謀深算，精幹老練，項羽卻不能虛心接受他的意見，我行我素，固執己見，終至四面楚歌，功虧一簣。

虛心聽取他人意見，不但是一種美德，也是幫助自己成功的一種有效方法。可惜的是，一些管理者卻不懂得這一點。

有這樣一個故事：

鷹王從遙遠的地方飛到遠離人類的森林。牠們打算在密林深處定居下來，於是就挑選了一棵又高又大、枝繁葉茂的橡樹，在最高的一根樹枝上開始築巢，準備夏天在這裡孵養後代。鼴鼠聽到這個消息，大著膽子向鷹王提出警告：「這棵橡樹不是安全的住所，它的根幾乎爛光了，隨時都有倒掉的危險。你們最好不要在這裡築巢。」

鼴鼠是什麼東西，竟然膽敢跑出來干涉鳥大王的事情？鷹王根本瞧不起鼴鼠的勸告，立刻動手築巢，並且當天就把全家搬了進去。沒過多久，外出打獵的鷹王帶著豐盛的早餐飛回來。然而，那棵橡樹已經倒塌了，子女都已經摔死了。看見眼前的情景，鷹王悲痛不已，牠放聲大哭道：「我把最好的忠告當成了耳邊風！我不曾料到，一隻鼹鼠的警告竟會是這樣準確，真是怪事！」這時，謙恭的鼹鼠答道：「輕視從下面來的忠告是愚蠢的。你想一想，我就在地底下打洞，和樹根十分接近，樹根是好是壞，有誰還會比我知道得更清楚的？」

因此，作為管理者要善於聽取下屬的意見，謙虛為懷，多信任下屬，掌握實情，不盲目決策。唯有如此，才不會落得像鷹王一樣悲慘的下場。

有不少管理者不願聽取下屬的意見，大致原因是認為下屬能力不足，意見不具備參考價值，這實際上是個盲點。下屬能力較你弱或許是事實，但並非他們的每個意見都不高明，有些意見可能對方案有補充作用，或者可以透過這些意見本身了解下屬在執行中會有什麼心態及要求。總之，無論從哪個角度講都有必要認真傾聽不同意見，因為一個人考慮問題不可能十全十美，況且，就怎樣做成一件事來說也很少有標準答案，我們要的是結果，如果大家齊心協力共同完成一個任務，這不是很開心的一件事嗎？所以說，大凡英明的管理者都會虛心聽取下屬的意見和建議的。

那麼，管理者該如何虛心傾聽下屬的意見和建議呢？

1. 鼓勵下屬提出不同意見

作為管理者要讓下屬經常有時常提供回饋意見的機會。要讓自己的下屬清楚的知道，你不僅允許，而且鼓勵他們提出自己的看法和批評意見。下屬們經常不願意表示出與管理者不同的意見，管理者要明確的向下屬們說明，管理者歡迎不同的看法，而且會認真對待這些意見。如果管理者傾聽並考慮了下屬的想法，下屬們會更加服從指揮，更加擁護決策。如果不鼓勵下屬思考，下屬們就會懶得動腦筋，而是按照顧理者的旨意低效率的去執行一項工作。在工作中，須知傾聽、留意下屬轉達的意見是管理者和下屬之間溝通的最有效方法。也是獲得正確行動方式的有效方法。

2. 對不同的異議保持寬容的態度

管理者在傾聽意見時不要當場作出反應。阻止別人提出異議的最有效方法是堅持固執己見。尤其是當你作為管理者時，固執己見是一個明確的信號，表示你不是真正對回饋的意見感興趣。如果能對不同的異議保持寬容的態度，下屬們就能比較自由的提出自己的觀點，或是對別人的看法進行發揮。作為管理者對每一種觀點都要加以考慮，並認真給予評述。對別人的觀點，無論有多愚蠢，多繁瑣，都不要置之不理。

3. 不要給下屬潑冷水

儘管下屬的意見不可取，管理者也不能當頭潑冷水，而應該誠懇的說：「你的意見我很了解，但是，有些地方顯然還需多加斟酌，所以目前還無法採用。但我還是很感謝你，今後如果有別的意見，希望你多多提供。」或者說：「以目前的情形，這恐怕不是適當的時機，請你再考慮一下。」如果管理者的措辭這麼客氣的話，儘管意見不被採納，下屬心裡也會覺得很舒坦且受到尊重。同時也會仔細檢討自己議案中所忽略的事，然後再提出更完整的構想。像這樣激勵，就是下屬獲得成長的原動力。

4. 對下屬提出的意見表示感謝

在接受了一項意見，並按意見執行之後，一定要對提出這條意見的下屬表示感謝。這樣能讓下屬覺得自己和自己提出的意見被管理者所重視，進而以後會更加積極的提出寶貴的意見。

妙語解紛糾，做好矛盾的調解工作

處理下屬之間的矛盾是一個管理者日常工作不可缺少的重要內容。實際表明，小的矛盾如果處理不好、處理不公，不但會降低管理者的威信，還會影響整個部門的工作效率。而如果矛盾進一步向上發展，那麼管理者自身的工作能力也將會受到其上級的嚴重質疑。因此，學會處理下屬的矛盾，是現代管理者必備的一個基本功。

在一家生產塑膠加工機械的企業的射出成型機製造部門，有位技師跟生產組的組長發生了衝突。技師是大學畢業，到公司才三年多；那位組長是高中畢業，但在公司已經工作十一年。雙方的衝突起因於射出成型機的改良設計。

那位技師認為，他們製造的射出成型機，應該在射出加速器上加一個自動控制鈕；那位組長認為不必多此一舉，只要在射出口上加以控制就可以。前者是從機械的結構著眼，也可稱之為理論的應用;後者是從實際操作著眼，可稱之為經驗的累積。

他們都是想把射出成型機改良得更加完美、更加實用，其出發點都沒有錯，都是為公司好。兩個人之所以意見相左，鬧得臉紅脖子粗的大吵起來，表面上看是觀念不一致，實際上則是彼此的心理在作祟。

那位組長認為:「老子在工廠裡做了十幾年，整日與這些機械為伍，連哪裡有個小螺絲釘都記得清清楚楚，你才來了幾天，只不過在書本上多學了點理論，就地位比我高了？其實你狗屁不通！」

那位技師的想法正好跟他相反:「機械結構的原理，我比你清楚得多，你想用土辦法來改造機械，那真是差得太遠了！」

這種彼此不服氣的心理，當然不是一天形成的。那位技師一進入工廠，這種想法不協調的現象就開始醞釀了，這次的事件只是個導火線而已。

對這種情形，這家企業的老闆不是沒有發覺，但為了整個企業的發展，自然也有他自己的看法。他認為，在改進機械方面，必須要用一些學有專長的人。要從基層員工中培養、提拔，恐怕是吃力不討好，即使有可造之材，也不是短時間內能夠派上用場的。因此，他開始物色大學機械工程系畢業的學生。那位技師是他吸收的第一個人才。也是他公司裡生產部門第一個具有大學學歷的員工。

人家既然是大學畢業，學有專長，自然不能給人家一個普通技工的待遇。可是他的公司規模不大，還沒有設開發研究部門，也沒有機械工程師的編制，想來想去，他給他安了個技師的名分，地位和待遇都比那些老技工高。有些老技工心裡自然就有點不服氣。

衝突發生之後，老闆在處理上頗感為難。因為就事論事誰都沒有錯，但實際上又不能不問不管，否則，讓這種不滿的心理狀態繼續發展下去，後果太可怕了。

可是，如何管呢？如果把技師數落一頓。不但技師會認為老闆不重視新技術、新構想，也會助長那些老技工的氣焰。如果把老技工出身的組長罵一頓，一定會引起老技工們的不滿，認為老闆不重視他們，說不定一氣之下，拍拍屁股不做了。

這位老闆想來想去，真是左右為難：如果留不住專門人才，他的企業不可能有長遠的發展；如果得罪了這些老技工，使他們生出二心，馬上就會影響工廠的生產。對他來說，這兩種情形發生任何一種，都是公司的不幸。

最後，他終於想出一個「兩全其美」的辦法，那就是把二者的權責劃分清楚，另外設立一個開發部，由那位技師主持，挑選幾位年輕、好學的技工跟著他一起研究，專門從事改進產品的工作。那位組長則專門負責生產，兩個人互不干涉，就不會發生直接衝突。

此外，這位老闆還用了點小手段，消除了雙方心中的「怨氣」。他把那位技師叫到辦公室裡，用誠懇的語氣跟他深談了一番。自然不外是將來公司的發展全看他了，希望他能爭一口氣，在新產品開發上有突出的表現。

照理說，工作責任加重了，自然在待遇方面也應該提高一點才合理。但這位老闆心裡明白，如果調了他的職務再加他的薪水，無異於告訴老員工，他對這位技師更加重視了，所以他悄悄的告訴那位技師：「你現在獨當一面，責任加重了，我應該給你加一點薪水，但我相信你了解我的苦衷，現在還不能給你加。好在你還年輕，又有自己的理想，不會計較這些。不過，我可以向你保證，我絕不會讓你吃虧。」

接著，他又把那組長叫到辦公室，一見面他就用帶著幾分親切的語氣訓起來：「你簡直是在胡鬧，身為生產組主管，竟當著那麼多人跟人家技師吵起來，這成什麼體統？年資比人家深。即使有什麼不滿，也該忍下來，事後可以跟我說。你這樣公開跟人家吵鬧，教人家如何下得了台？」

「你已經跟我工作十幾年，你的能力我當然信得過，」這位老闆用對待自己人的語氣說。「但你要知道，我們要開發新產品，擴大業務，光憑你我兩個人是不夠的，必須要吸收新的人才。如果我用一個新人，你們就跟人家吵一架，誰還敢到我們這裡來？經驗固然重要，理論也不是一文不值，你到人家那些大公司去看看，負責開發、設計工作的，都是些學有專長的人。以後你的氣量一定要放大一些，免得人家說我這個老闆只把幾個老人當寶貝，幫著你們欺侮新來的。」

那位組長本來一開始還有滿肚子的話要說，被老闆訓了一頓，一句話也說不出來了。老闆對他這樣好，把他當成自己人看待，他除了慚愧還能說什麼呢？

「現在我把你們的工作分開，」老闆最後說，「你負責生產。他負責新產品開發。不過，你要弄清楚，你們的工作性質雖然不同，但並不是互不相干的，他在工作中需要你的支援，你一定要全力去協助，不管有什麼委屈，可以跟我說，絕不能再跟人家當面吵，否則，我可是不答應你。」

從這個事件看來，管理者要懂得冷靜的對待下屬之間的矛盾，善於做好促「和」工作。針對不同的原因，以不同的方法使下屬重新燃起工作的熱情。這是管理者統御下屬的一項重要職責。只要管理者堅持以人為本，著眼於和諧處，以共同的目標和理想凝聚組織上下的熱情，就能帶領組織不斷前進。

促進和諧，調解下屬之間的矛盾

世界充滿了矛盾，企業的人及關係也是如此。大家在一起相處共事，難免發生矛盾和衝突。作為管理者，你必須接受這樣的事實，任何時候只要將兩個或兩個以上的人放在一起就有產生衝突的可能。

所謂下屬之間的衝突，是指員工隊伍中人與人之間矛盾和糾紛的表面化，是偶然發生的、不利於團結的、具有一定消極影響的不協調事件。這一類事件主要是因為少數員工人際溝通有困難、自控能力不強、情緒不穩定或者是明辨是非能力弱造成的，若不能得到及時妥善處理，就容易造成不良的後果。

星期一早上剛走到辦公室，李主管就聽到了一個他極不願意聽到的消息，下屬小張和小王在辦公室因為瑣事，控制不住自己的情緒，兩人大打出手。當下屬小李將這個消息告訴他時，李主管心裡的怒火「騰」的一下就燒起來了。

李主管狠狠的拍了一下自己的辦公桌，然後快步走到員工辦公室，看見小王一副沒解氣的樣子坐在自己的辦公桌前，而小王則像一隻鬥敗的公雞，垂著腦袋，地上十分髒亂，各種檔案文件、書籍、文具等灑了一地，有兩個好心的女下屬正在收拾著殘局，看來是場惡鬥。

李主管聲音冰冷：「小王，你到我的辦公室來一下。」說完，就出去了。等小王進辦公室後，李主管在小王那裡了解到小王的看法：「小張欺人太甚了，他平時喜歡踩著別人往上爬也就算了，現在居然欺負到我的頭上，經常為難我，每次都掌握著辦公室重要的工作資訊，我都沒辦法好好拿到資料完成工作了。」李主管聽完小王的哭訴，安慰了他一陣，將他請出了辦公室，並且叫來了小張。

而小張的說法與小王完全不一樣：「你別看小王這個人平時老實，其實他是我們辦公室最喜歡背後捅你一刀的人了，我這是『替天行道』，教訓教訓他。」說著這話時，小張神情十分得意。李主管嚴厲的教育他：「即使他有什麼不對，你動手打人總是不對的，你必須向他道歉。」聽說李主管讓自己道歉，小張氣鼓鼓的瞪著眼睛，吐出兩個字：「沒門」，轉身就離開了辦公室。

這時候的小王還糾纏不清，找到李主管說：「如果小張今天不道歉，我一定要讓我們部門的人看一場好戲，大不了我不做了，我也要找到上級評評理去。」無論李主管怎麼勸解，小王一句都聽不進，無奈之下，李主管向小王承諾，一定會給他一個滿意的答覆，讓他不要將事情鬧大，避免上級知道後更麻煩。

此時的李主管非常苦惱，他無法說服這兩個下屬，其他下屬又都抱著看熱鬧的心態，推測他會如何解決問題。他實在是不知道這個問題該怎麼解決，到底怎麼樣做才能避免小張和小王之間的衝突大規模的升級。

李主管被下屬之間的衝突弄得十分苦惱，他不知道該怎麼做才能使之消弭於無形之中，假如他不能解決好這個問題，將面臨更大的麻煩。

從這一案例中，我們可以看出，當下屬之間出現嚴重矛盾時，會纏繞得管理者焦頭爛額，一旦處理不好，還會把自己帶進矛盾的漩渦之中。因此，及時有效的化解企業員工之間的衝突，是穩定隊伍、增強凝聚力、構建和諧的重要保證。

美國福特汽車公司在紐澤西有一家分工廠，過去曾因管理混亂，而差點倒閉。後來，總公司派去了一位新的管理者，在他到任後的第三天，就發現了問題的癥結：偌大的廠房裡，一道道流水線如同一道道屏障隔斷了工人們之間的直接交流；機器的轟鳴聲，試車線上滾動軸發出的噪音更使人們關於工作的資訊交流難以實現。由於工廠瀕臨倒閉，過去的主管一個勁的要生產任務，而將大家一同聚餐、廠外共同娛樂時間壓縮到了最底限。所有這些，使得員工們彼此談心、交往的機會微乎其微，工廠的淒涼景象很快使他們工作的熱情大減，人際關係的冷漠也使員工本來很壞的心情雪上加霜。組織內出現了混亂，人們口角不斷，不必要的爭議也開始增多。

發現問題的癥結後，這位新任的管理者果斷的做出了決定：以後員工的午餐費由廠裡負擔，希望所有的人都能留下來聚餐，共渡難關。在員工看來，工廠可能到了最後關頭，需要大幹一番了，所以心甘情願努力工作，其實這位經理的真實意圖就在於給員工們一個互相溝通了解的機會，拉近人們之間的距離，改善不良的人際關係。

在每天中午大家就餐時，經理還親自在食堂的一角架起了烤肉架，免費為每位員工烤肉。一番辛苦沒有白費，在那段日子，員工們餐桌上談論的話題都是有關組織未來的走向的問題，大家紛紛獻計獻策，並就工作中的問題主動拿出來討論，尋求最佳的解決辦法。

兩個月後，企業業績回轉，五個月後，企業奇蹟般的開始盈利了。這個企業至今還保持著這一傳統，中午的午餐大家歡聚一堂，由經理親自派送烤肉。

由此可見，協調團隊內的人際關係，解決下屬之間的矛盾，是管理者必須履行的一項職責。能否妥善處理好企業下屬之間的衝突是衡量一個企業管理者基本功的重要尺規之一，也是對企業管理者工作藝術的檢驗。

作為一名企業的管理者，我們常回遇到下屬因為工作或者其他方面的問題而發生矛盾，輕者發生口角，重者會動用拳腳，甚至有的會給雙方造成傷害。遇到下屬之間發生矛盾，作為管理者，尤其是直接主管上司應該怎麼處理這類問題？找當事人來對質？結果卻是公說公有理，婆說婆有理，最後如同抱薪救火，下屬的火氣隨著對質的過程越燃越旺。我們相信真相只有一個，但是它卻有兩面。所以在遇到問題時可以試著不去執著於評判誰對誰錯，而是用適當的辦法將矛盾化解於無形，從根本上消除矛盾產生的可能。

武則天在位時，狄仁傑和婁師德同朝為相，二人是武則天的左膀右臂，深得武則天的重用。可是二人宿有矛盾，在武皇面前倒還和氣，一下了朝就彷彿仇家，常有衝突。武則天看在眼裡，急在心裡。的確，這個問題要是解決不好，自己的左右手打起架來，整個朝廷會因此亂了套。朝廷癱瘓了，還怎麼治理國家啊！武則天心裡雖然急，可是並沒有讓自己一下子陷入二人的具體矛盾之中，而是超脫物外，從不評論誰是誰非，暗自琢磨矛盾產生的原因。後來武則天發現，問題的癥結在於狄仁傑太恃才傲物，根本看不起婁師德，總是想盡辦法的排斥他。婁師德雖多番忍讓，旁人都替他打抱不平，他自己心裡自然也是打著結，通暢不了。

一天，武則天把狄仁傑找來，問他：「朕很重用你，任你為相，你知道是為什麼嗎？」狄仁傑不以為然的說：「我是以自己的能力和學識來晉取官爵的，不像有的人是依靠阿諛奉承而當官的！」武則天微微一笑，說：「可是朕原來也不了解你的德行和才識啊！你之所以官至宰相，是因為有人向我大力推薦你。」狄仁傑很奇怪，說道：「我從來沒聽說過這件事，不知道是在下的哪位好友如此看中臣，我一定要好好謝謝他，以報知遇之恩！」「當初是婁師德多次向朕鼎力推薦，說你學識淵博，才思敏捷，剛正不阿，堪擔大任，是個不可多得的人才，朕這才下定決心委你重任的，婁師德不愧是朕的伯樂啊！」說完，武則天命令左右拿來大臣們奏摺的箱子，從裡面找出了十幾本婁師德推薦狄仁傑的奏摺給狄仁傑看。

狄仁傑一一仔細閱讀，不禁汗顏。他很後悔自己剛才恃才傲物而說的話，為自己以前對婁師德懷有成見感到非常內疚，一時不知如何是好。武則天從他的表情中，已看出他慚愧的心思，知道自己的目的達到了，不禁會心一笑。此後，狄仁傑見了人就常說：「沒想到婁師德不但不念舊隙，反而推薦我為官，從未對我透露過一點不滿，以前都是我太目中無人了！沒有他，我也不會這麼快就得到施展才能的機會，說起來他應該是我的恩人啊，沒有他這個伯樂，再好的馬也只是用來馱貨而已！」這些話傳到婁師德那裡，從前的委屈也都全沒了，氣也就自然通順了。從此兩人齊心協力，共同為朝廷出力，為一代聖朝立下了汗馬功勞。

面對下屬之間的矛盾與衝突，作為管理者應該坦然視之，做好中間調和人，去化解下屬之間的衝突。管理者如果能妥善處理這些矛盾，就會在員工中樹起威信，與員工建立起和諧融洽的關係。

在化解與員工的矛盾時，基層管理者可以從以下幾方面入手：

1. 弄清楚事情的真相

下屬之間的衝突許多是沒有預兆的，是管理者意料之外的，當事件發生後，管理者往往是心中無數，如果貿然處理，很有可能產生偏差，把矛盾進一步惡化。因此，要在穩定住雙方情緒的前提下，透過調查了解事件的真相，與雙方當事人談心溝通，弄清楚發生衝突的來龍去脈和根源，找到問題的關鍵，分清是非，然後才能有的放矢的做好深入細緻的溝通，化干戈為玉帛。

2. 保持中立的態度

管理者應該平等的對待所有的人，給他們同等程度的重視，這樣才不會有人覺得受到了冷落，人們也就沒有理由認為，你是站在了「其他人」的一邊。這一點能夠極大的幫助你把自己的立場清楚明瞭的傳達給對立的雙方。所以，管理者必須注意在解決矛盾時要置身事外。

例如：兩個下屬意見不合，其中一人向你訴苦，說對方凡事針對他，甚至攻擊他。此時你要很有耐心的聽他吐苦水，但最好只聽不問，尤其是切莫查問事件的前因後果。因為你一旦成了知情者，就被認定是當然的「判官」了，這就大為不妙。也許對方只是找個「聽眾」說說，說出來他心裡可能就暢快了，而一旦你摻和進去，就可能會使矛盾進一步擴大。

3. 加強與下屬的溝通

傾聽可以化解負面情緒。管理者要經常傾聽下屬的心聲，給下屬暢所欲言的機會，並適時的對下屬進行教育和培訓，下屬才有可能著眼於大局，把企業的利益放在第一位。這樣也有利於管理者及時了解下屬的動向，做到防微杜漸，在問題較小甚至剛要出現時徹底解決。

4. 向對立雙方闡明你的看法

有的時候，來自於上級的命令是最能奏效的辦法。管理者應該和爭鬥的雙方一起坐下來，向他們解釋，他們的意見不和給整個部門的工作帶來了什麼樣的影響，告訴他們，很多員工已經對目前的狀況表示十分的氣憤。在具體解決衝突的過程中您也應該給他們提供支持。

5. 給下屬更多的交流機會

溝通不良是造成衝突的主要原因之一。做同一件事，也許大家的出發點都相同，可是僅僅因為做事風格不一樣，就導致了誤會的產生。在這個時候如果採用激烈的辦法，批評、責備，就會使下屬產生排斥感。加強下屬之間的溝通，讓他們在心平氣和或者愉快的氣氛中說出自己的意見，訴說的人就更容易站在對方的角度考慮問題，而聽者也更容易接受說者的觀點。這就需要我們多為下屬提供交流的機會，比如舉辦小型聯歡會、集體慶祝生日等活動。良好的溝通方法可以有效的傳達資訊給對方，是雙向的互動過程。我們有與他人分享思想與情感的需要，我們需要被了解，也需要了解別人。有效的溝通使人與人之間能夠舒暢的互相表達情懷與有意義的資訊。而且在與人溝通時也要有虛心接受他人意見的氣度。

和平共處，主動化解與上司的誤會

在工作中，上下級之間難免會產生一些摩擦和碰撞，引起誤解。這時候，作為下屬如果處理得好，就會化解與上級的矛盾，獲得上級的理解和支持。如果處理不好，就會加深矛盾，陷入困境，甚至導致雙方的關係徹底破裂。常言道「冤家宜解不宜結」，通常情況下，緩和氣氛、疏通關係、積極化解才是正確的思路。

吳小麗從大學畢業到一所中學教書，工作將近一年了，口碑還比較好。但她感覺校長看她總是不順眼。

一個月前，吳小麗被校長莫名其妙批評了一頓，事後才知道，是因為有一件事沒做好。可是吳小麗知道是校長誤解了她，於是她趕緊找校長解釋，校長卻冷冷的說：「肯定是你做的，你誣陷別人做什麼。」吳小麗心裡直嘀咕：「明明不是我，為什麼偏偏誣賴我？」急得眼淚都掉了下來。可是校長卻說：「你看你，這麼脆弱，說幾句說成這樣。」

吳小麗覺得很委屈，也一直想不通：「校長為何不聽我的解釋而繼續誤解我？」她因此更加小心，生怕又出紕漏而惹校長不高興。然而，偶爾覺得委屈的時候，她也私下向關係比較好的同事傾訴心中的苦惱，同事勸她再找校長好好溝通一下。

於是吳小麗鼓起勇氣又去找校長，從事情的起因、經過每一個細節都慢慢的講清，最後說：「如果校長認為是我的錯，那我也無話可說，我一定會負起責任。」校長見她這麼真摯，相信了她。

被上司誤解難免會在我們心裡留下陰影，有些員工因為被上司誤解就四處抱怨，這樣勢必會影響我們的工作，導致我們的積極性降低，這樣反而會讓我們處於更消極的狀態。所以，當遇到被上司誤解的時候，要懂得如何去積極的面對這個問題。

一般來說，下屬與上司產生誤解的原因是上下級之間存在著資訊溝通不足。由於下屬和上司間缺乏足夠的交流，彼此對對方的情況沒有一個較為清晰的認識，判斷時容易加入一些主觀色彩和心理因素，這就導致彼此矛盾的產生。

那麼，一旦你的上司誤解了你，你如何做才能既澄清自己的清白，又同時不傷及上司的面子呢？

上司誤解了下屬，有其主觀上的原因，更有客觀上溝通不足的原因。上司處於一個中樞性的職位，事務繁重，責任重大。他只能透過人事檔案、他人的彙報、平時的印象、特殊考驗等管道對你有所了解，但一般而言，他不會主動去找你進行溝通。這樣，便缺乏對你全面、直接和理性的認識，容易受他人意見的影響、本人直覺的左右和主觀判斷的影響，從而對你的言行產生認識誤差。

下屬對待上司誤解最明智的態度就是：及時、主動的去化解它，不能讓它成為上司的定型之見，更不能消極迴避和等待。

1. 先從自身找原因

心理素養要堅實，態度要誠懇，若責任在自己一方，就應勇於找上司承認錯誤，進行道歉，求得諒解。如果重要責任在上司一方，只要不是原則性問題，就應靈活處理，因為目的在於和解，下屬可以主動靈活一些，把衝突的責任往自個身上攬，給上司一個台階下。人心都是肉長的，這樣人心換人心，半斤換八兩，極容易感動上司，從而化干戈為玉帛。

2. 主動找上司說話

有時候，上司已明顯的表露出對你的某些看法，而且他不可能會主動找你談心。那麼你就應該主動的走上前去，找對機會，向上司展示自己的真實個性和真正意圖，使上司能對你有一個較為全面的了解和認識。必要時，你不妨針對上司對自己的誤解坦白的溝通，這樣既能直指問題要害，把扣子解開，又能為彼此的交流創造一種坦誠、公開的氣氛，從而有利於解決問題。

但是，你一定要顯示自己的真誠，向上司多提供一些正面的資訊，培養自己在上司心中的良好形象；同時，對自己一些缺點也不妨勇敢承認，以便使上司能充分感受到自己的真誠和坦率。特別是對上司已指出或有所察覺的缺點，更是要主動承認。必要時加上一些誠懇的表白或合適的辯護。自然，最後要表示改正的決心，這樣會使上司有權威感。

3. 當做什麼事也沒有發生

就是當下屬與自己的上司發生衝突之後，作為下屬不計較，不爭論，不傳播，而是把此事擱起來，埋藏在心底不當回事，在工作中一如既往，該彙報仍彙報，該請示仍請示，就像沒發生過任何事情一樣待人接物。這樣不揭舊傷疤，噩夢勿重提，隨著星移斗轉，歲月流逝，就會逐漸沖淡，忘懷以前的不快，衝突所造成的副作用也就會自然而然消失了。

4. 找人從中和解

就是找一些在上司面前談話有影響力的「和平使者」，帶去自己的歉意，以及做一些調解說服工作，不失為一種行之有效的策略。尤其是當事人自己礙於情面不能說、不便說的一些語言，透過調解者之口一說，效果極明顯。調解人從中斡旋，就等於在上下級之間架起了一座溝通的橋梁。但是，調解人一般情況下只能達到穿針引線作用，重新修好，起決定性作用的還是要靠當事人自己去進一步解決。

5. 伺機和好

就是要選擇好時機，掌握住火候，積極化解矛盾。譬如：當上司遇到喜事受到表彰或提拔時，作為下級就應及時去祝賀道喜，這時上司情緒高漲，精神愉快，適時登門，上司自然不會拒絕，反而會認為這是對其工作成績的認可和人格的尊重，當然也就樂意接受道賀了。

6. 寬宏大量，委曲求全

當與自己的上司發生衝突後，運用這一方法就要掌握分寸，要有原則性，一般來講在許多情況下，遇事能不能忍，反映著一個人的胸懷與見識。但是，如果一味的迴避矛盾，採取妥協忍讓、委曲求全的做法，就是一種比較消極和壓抑自己的奴隸行為了，而且在公眾中自身的人格和形象也將受到不同程度的損害，正確的做法是現實一些，肚量要大，宰相肚裡能撐船，不要小肚雞腸，斤斤計較，既然人在屋簷下，就應夾起尾巴做人，不妨暫時先委屈一下自己，適度的採取忍讓的態度，既可避免正面衝突，同時也保全了雙方各自的面子和做人的尊嚴。

總之，工作中被上司誤解是經常的事情，我們要調整好心態，而不是從此一蹶不振，應找到合適的方法與上司溝通，讓上司明白你的工作態度和良苦用心。和上司爭辯的結果永遠是你被淘汰，只有溝通，才能消除誤解。

化解與下屬之間的矛盾

在任何一個組織的領導活動中，皆大歡喜是不存在的，衝突與不滿時常都會發生。作為一名管理者，在利益、思想、方法等方面，難免會與下屬發生各式各樣的矛盾。管理者與下屬之間發生矛盾衝突，其原因可以說是多方面的，有其本身素養的缺陷，有思想和工作方法的不當，還有彼此雙方交談、協調、溝通不及時和在利益處理上的不公正等等。由於這些原因，可以說管理者與下屬之間發生矛盾是不可避免的，問題在於怎樣處理這些矛盾，才能達到更好的效果。

具體來講，主要有以下一些方式方法：

1. 工作失利時，敢於主動承擔責任

管理者決策失誤是難免的，因決策失誤而使工作不理想時，便須警惕，這是一個關鍵時刻。上、下級雙方都要考慮到責任，都會自然產生一種推諉的心理。

把過錯歸於下屬，或懷疑下屬沒有按決策辦事，或指責下屬的能力，極易失人心、失威信。

面對忐忑不安的下屬，勇敢站出來，自咎自責，緊張的氣氛便會緩和。

如果是下屬的過失，而你卻責備自己指導不利，變批評指責為主動承擔責任，更會令下屬敬佩、信任、感激你。

2. 以大度化解矛盾

俗話說：「宰相肚裡能撐船。」如果下屬做錯了一些小事，不必斤斤計較。

動輒責罵訓斥，除了把你們之間的關係弄的很僵之外，根本無事無補。相反，要盡量寬待下屬。管理者凡事讓三分，可為自己今後的工作做好鋪墊。

3. 允許下級盡情發洩

上司工作有失誤，或照顧不周，下屬便會感到不公平、委屈、壓抑。不能容忍時，他便要發洩心中的牢騷、怨氣，甚至會直接的指責、攻擊、責難上司。面對這種局面，你最好這樣想：

他找到我，是信任、重視、寄望於我的一種表示。

他已經很痛苦、很壓抑了，用權威壓制對方的怒火，無濟於事，只會情勢惡化。

我的任務是讓下屬心情愉快的工作，如果發洩能令其心裡感到舒暢，那就令其盡情發洩。

我沒有好的解決辦法，唯一能做的就是聽其訴說。即使很難聽，也要耐著性子聽下去，這是一個極好的了解下屬的機會。

如果你這樣想，並這樣做了，你的下屬便會日漸平靜。第二天，也許他會為自己說的過頭的話或當時偏激的態度而找你道歉。

4. 動之以情，曉之以理

不良衝突往往伴隨著情緒上的對立，如果一個人和管理者有意見衝突，對管理者無好感，管理者就是搬出再多理論也很難說服他，因為情緒已影響了他的理智。一個人一旦有了自己明確的看法，他是很難被迫改變自己意見的。但如果管理者首先動之以情，縮短彼此間的距離，誠懇謙虛的誘導對方，就可以使他們改變主意。

在美國工運史上，管理者中較早懂得以訴諸感情的方式對待罷工者，是福特汽車公司的一個經理。當福特汽車公司兩千五百名工人因要求加薪而罷工時，經理布萊克並不發怒、痛斥或威嚇罷工者。事實上，他反而誇獎工人。他在克里夫蘭各報紙上登了一段廣告，慶賀他們「放下工具的和平方法」。看見工人糾察隊沒有事做，他買了很多棒球和球棒讓工人們玩。

布萊克經理這種講交情的態度，就是在感情上接近對方，使得對方願意接納自己。人是社會動物，都是講感情的，那些罷工的工人借來了很多掃帚、鐵鍬、垃圾車，開始打掃工廠周圍的廢紙、火柴棒及雪茄菸頭。在勞資對立的情況下，想一想為提高薪資罷工的工人們卻開始在工廠的周圍作清掃，這種情形在美國勞工鬥爭史上卻是空前的。那次罷工在一週內獲得圓滿解決，雙方都未產生惡感和怨恨。

5. 排除自己的嫉妒心理

人人都討厭別人嫉妒自己，都知道嫉妒可怕，都想方設法要戰勝對方的嫉妒。但唯有戰勝自己的嫉妒才最艱巨，最痛苦。下屬才能出眾，氣勢壓人，時常想出一套高明的主意，把你置於無能之輩的位置。你越排斥他，雙方的矛盾就越尖銳，爭鬥可能導致兩敗俱傷。此時，只有戰勝自己的嫉妒心理任用他、提拔他，任其發揮才能，才會化解矛盾，並給他人留下舉賢任能的美名。

6. 該硬則硬，不能迴避

對於不知好歹的人，必要時必須予以嚴厲的回擊，否則不足以阻止其無休止的糾纏。和藹不等於軟弱，容忍不等於怯懦。聰明的管理者精通人際制勝的策略，知道一個有力量的人在關鍵時刻應為自己維持自尊。唯有弱者才沒有敵人。凡是必要的爭鬥，都不能迴避。在強硬的管理者面前，許多矛盾衝突都會迎刃而解。偉人的動怒與普通人發脾氣的區別在於是否理智的運用它。

第十章

八面玲瓏，管理者必知的社交口才

社交活動是唇槍舌劍的較量，管理者的社交活動尤其如此。口才是社交的基本工具，社交場合又是施展口才的舞台和場所，口才的好壞是一個人社交成功與否的關鍵。所以，社交口才已成為一個企業管理者必備的重要技能。

寒暄客套，融化冰封的社交之道

在人際交往中，寒暄客套是聯絡感情的手段，溝通心靈的方式和增進友誼的紐帶。見面寒暄幾句，雖說是一般的生活常識，然而不容忽視。在社交活動中，寒暄能使不相識的人相互認識，使不熟悉的人相互熟悉，使沉悶的氣氛變得活躍。尤其是初次見面，幾句得體的寒暄語，會使氣氛變得融洽，會使兩個人相見恨晚，這有利於順暢的進入正式交談。

喬．吉拉德是美國汽車銷售界的傳奇人物，稱為汽車銷售大王，他沒有三頭六臂，也沒有強硬的後台支持，他的祕訣就是主動打招呼，讓你覺得他和你很熟悉，就像昨天剛剛一起喝過咖啡，聊過天似的。

「哎呀，老兄，好久不見，最近好嗎？」假如你曾經和喬．吉拉德見過面，你一進入他的展區，就會看到他那迷人的、和藹的笑容，他朝你熱情的打著招呼，呼喊著你的名字，似乎你昨天剛剛來過，完全不介意你們也許又好幾個月沒見面了。

他這樣親切，讓本來只是想隨便看看車子的你產生了一點局促不安，「我只是隨便轉轉，隨便轉轉。」

「來看望我必須要買車嗎？天啊，那我不就成了孤家寡人了？不管怎麼樣，能夠見到你，我就感到很高興！」

吉拉德幾句話就讓你的尷尬和局促消失得無影無蹤，也許你會跟他到辦公室坐坐，聊一會兒天，喝幾杯茶，爽朗而不放肆的大笑一氣。當你起身告別的時候，你的心裡會產生一種戀戀不捨的感覺，這個時候，你的購買欲望會變得更加強烈，原本的購置計畫也許會提前落實。

對於陌生的顧客，吉拉德也有自己的一套辦法。一天，一個建築工人來到了他的展位，吉拉德與他打完招呼，並沒有著急介紹自己的商品，而是和工人談起了建築工作，吉拉德一連問了好幾個關於施工隊的問題，每個問題都圍繞著這位建築工人設計，比如「您在工地上做什麼具體工作？」「你是否參與過建造附近哪片社區？」等，幾個問題下來，他和這位建築工人成了無話不談的好朋友，建築工人不但非常信賴的把挑選汽車的任務交給了他，而且還介紹他和自己的同事們認識，使吉拉德獲得了更多的商機。

由此可見，初次見面寒暄幾句，可以在人際交往中打破僵局，縮短人際距離，能傳達出自己對交談對象的敬意或者表示出樂意與對方結交之意，還可以為你的事業帶來幫助。

初次見面寒暄幾句，是給對方帶去好印象的第一步。寒暄其實是想向對方傳遞一種資訊。這是為了使雙方更加接近的非常重要的行為。這不僅是接觸的第一步，也是所有人際關係的起點。

寒暄雖然是人們相會時的見面語，但也是交談者之間一座友誼的橋梁。寒暄並不是幾句廢話，它是交談的「導讀」，具有拋磚引玉的作用，是人際交往中不可缺少的重要一環。

有些人可能都會有這樣的經歷，在與人初次見面時，由於彼此都不太了解，往往容易陷入無話可說的尷尬場面。此時，你不妨以一些寒暄語作為打招呼的開頭。

跟初次見面的人打招呼，最標準的說法是「您好！」「很高興能認識你」「見到您非常榮幸」。比較文雅一些的話，可以說「久仰」，或者「幸會」。要想隨便一些，也可以說「早聽說過您的大名」「某某人經常跟我談起您」，或是「我早就拜讀過您的大作」「我聽過您作的報告」等等。跟熟人打招呼，用語則不妨顯得親切一些，具體一些。可以說「最近忙些什麼呢？」，也可以講「您氣色不錯」等。雖然這些打招呼的話大部分並不重要，但它能使談話的雙方迅速擺脫尷尬的沉默。在打招呼時，你的語氣要輕鬆柔和、充滿感情，讓對方徹底放鬆，這樣才能讓對方很順利的接受你。

和陌生人交談的最大困難就在不了解對方，因此首先要盡快熟悉對方，消除陌生感。你可以先行自我介紹，再去請教他的姓名職業，再試探性的引出彼此都感興趣的話題。如果還未提及自己的情況就開口先問對方，對方可能並不願意回答。一般情況下，你主動提及了自己某方面的情況，對方多半也會樂意在這些方面談他的情況。

同陌生人交談，要善於尋找話題。有人說：「交談中要學會沒話找話的本領。」所謂「找話」就是「找話題」。寫文章，有了個好題目，往往會文思泉湧，一揮而就；交談，有了個好話題，就能使談話融洽自如。那麼如何找到話題呢？

1. 留心觀察

一個人的心理狀態，精神追求，生活愛好等等，都或多或少要在他們的表情，儀容，談吐，舉止等方面有所表現，只要你善於觀察，就會發現你們的共同點。例如：他和你一樣都穿了一雙耐吉氣墊運動鞋，你可以以耐吉鞋為話題開始你們的談話。

2. 以話試探

兩個陌生人相對無言，為了打破沉默的局面，首先要開口講話，可以採用自言自語，例如：「天太冷了」，對方聽到這句話便可能會主動回答將談話進行下去。還可以以動作開場，隨手幫對方做點事，如推下行李箱等；也可以發現對方口音特點，打開開口交際的局面以此話題便可展開。

3. 以對方為話題

人們往往千方百計的想使別人注意自己，但大部分的「成績」都令人失望，因為他不會關心你、我，他只會關心他自己。因此，以對方作為談話的開端，往往能令 他人產生好感。讚美陌生人的一句「你的衣服色澤搭配得真好，」「你的髮型很新潮」。能使他快樂而緩和彼此的生疏。也許，我們大多數人都沒有說這話的勇氣，不過我們可以說：「您看的那本書正是我最喜歡的。」或是「我看見您走過那家便利商店，我想……」

自報家門，謙和的介紹自己更得人心

自我介紹是社交活動中常用的一種口語表達方式。在日常生活和工作中，人與人之間需要進行必要的溝通，以尋求理解、幫助和支持。自我介紹是最常見的與他人認識、溝通、增進了解、建立聯繫的方式。特別是對企業管理者來說，經常需要與陌生人打交道，謙和得體的自我介紹，能夠讓對方記住自己、對自己留下良好的、深刻的印象，從而更好的進行社交活動。

著名作家張恨水有一次應邀到大學作演講，他是這樣開頭的：今天，我這個「鴛鴦蝴蝶派」作家到大學裡演講，感到很榮幸，我取名「恨水」不是什麼情場失意，我取名「恨水」是因為我喜歡南唐後主李煜的一首詞《烏夜啼》:「林花謝了春紅，太匆匆！無奈朝來寒雨晚來風，胭脂淚，留人醉，幾時重？自是人生長恨，水長東！」我喜歡這首詞有「恨水」二字，我就用它作為筆名了。

面對陌生的學子，張恨水以解釋自己的名字為開場白，短短的幾句話既澄清了聽眾心中的迷霧，也使這些青年學生為大作家的淳樸、坦率而折服，「張恨水」這三個字可能會一輩子印在他們的腦海裡，真可謂一舉兩得。

自我介紹是一個人的「亮相」，人們的評價就從此時開始。在某種意義上來說，自我介紹是社交活動的一把鑰匙。這把鑰匙如果運用得好，可使你在以後的活動中得心應手；反之，由於已造成了不良的第一印象，也會使你覺得困難重重。

一次非正式聚會中，有兩位初出茅廬的大學畢業生，他們都想結交舉辦此次聚會的主人張先生。張先生是一個商業奇才，不到十年時間就已經把自己的業務拓展到歐洲去了。

男生 A 這樣介紹自己:「您好，我叫某某，今年剛畢業，正在找工作。」張先生當時有點愣，頭一次聽人這麼介紹自己，只好接話說:「是嗎？那加油啊，祝你早日找到滿意的工作。」

其實，A 的自我介紹有些不得要領。首先，張先生和他完全不熟，在對他的性格和特長一無所知的情況下，A 傳達給張先生一個他正在找工作的訊息，屬於無效訊號。自我介紹儘管只是簡短的一兩句話，但吸引別人的也許正是開篇的某個點。

就這點而言，女生 B 做得更好一些。她介紹自己的方式是拉近距離形成對比：「你好，聽說您是一位商業奇才。」張先生趕緊說：「哪裡算奇才。只是別人抬舉罷了。」她笑盈盈的說：「我對做生意也很有興趣，不過我更喜歡電子商務，我是一個商業學院剛畢業的學生。」

張先生對電子商務很有興趣，這樣他們就以電子商務為話題聊了起來。

自我介紹是向別人展示你自己的一個重要手段，自我介紹好不好，直接關係到你給別人的第一印象的好壞及以後交往的順利與否。那麼，應該怎樣作自我介紹呢？交往心理學家為我們提出了幾點建議：

1. 注意內容：自我介紹的內容，通常包括本人姓名、年齡、學歷、履歷、專長、興趣等。至於是否要完整說明，你可根據交際的目的、場合、時限和對方的需要等做出恰當的判斷，盡量使介紹能滿足對方的期待。
2. 注意時間：進行自我介紹一定要力求簡潔，盡可能的節省時間。通常以半分鐘左右為佳，如無特殊情況最好不要超過一分鐘。為了提高效率，在作自我介紹的同時，可利用名片、介紹信等資料加以輔助。
3. 講究態度：進行自我介紹，態度一定要自然、友善、親切、隨和。應落落大方，彬彬有禮。既不能委委懦懦，又不能虛張聲勢，輕浮誇張。進行自我介紹要實事求是，真實可信，不可自吹自擂，誇大其辭。呼吸要自然，語速要正常，口齒要清楚。
4. 注意方法：進行自我介紹，應先向對方點頭致意，得到回應後再向對方介紹自己。如果有介紹人在場，自我介紹則被視為是不禮貌的。應善於用眼神表達自己的友善，表達關心以及溝通的渴望。如果你想認識某人，最好預先獲得一些有關他的資料或情況，諸如性格、特長及興趣愛好。這樣在自我介紹後，便很容易融洽交談。在獲得對方的姓名之後，不妨口頭加重語氣重複一次，因為每個人最樂意聽到自己的名字。

5. 注意時機：當你與陌生人初次見面時，必須及時、簡要、明確的做自我介紹，讓對方盡快了解你。相反，見面時相互凝視半天，你仍沉默或前言不搭後語，對方會很不愉快，甚至會產生許多疑問，使之不願意與你交往。當然，若對方正與他人交談，或大家的精力正集中在某人、某事上，則不宜做自我介紹；而對方一人獨處時進行自我介紹，則會產生良好效果。

總之，在社交場合，面對社會中的芸芸眾生，要想讓你的形象在人們心中深深的扎下根，你必須學會自我介紹。它是你在社交場合取悅陌生人的祕笈。

主動替他人解圍，贏得感謝和好感

有這樣一個故事：

有一個理髮師傅帶了個徒弟。徒弟學藝三個月後，這天正式上任。他給第一位顧客理完髮，顧客照照鏡子說：「頭髮留得太長。」徒弟不語。師傅在一旁笑著解釋：「頭髮長使您顯得含蓄，這叫藏而不露，很符合您的身分。」顧客聽罷，高興而去。

徒弟給第二位顧客理完髮，顧客照照鏡子說：「頭髮留得太短。」徒弟不語。師傅笑著解釋:「頭髮短使您顯得有精神、樸實、厚道，讓人感到親切。」顧客聽了，欣喜而去。

徒弟給第三位顧客理完髮，顧客邊繳交錢邊抱怨：「剪個頭花這麼長的時間。」徒弟無語。師傅馬上笑著解釋：「為『首腦』多花點時間很有必要。您沒聽說：進門蒼頭秀士，出門白面書生！」顧客聽罷，大笑而去。

徒弟給第四位顧客理完髮，顧客邊付款邊埋怨：「用的時間太短了，二十分鐘就完事了。」徒弟心中慌張，不知所措。師傅馬上笑著搶答：「如今，時間就是金錢，『頂上功夫』速戰速決，為您贏得了時間，您何樂而不為？」顧客聽了，歡笑告辭。

故事中的這位師傅，真是能說會道。他機智靈活，替徒弟解圍，每次得體的解說，都使徒弟擺脫了尷尬，讓對方轉怨為喜，高興而去。

人際交往中，很多人有時也會因突發事件陷入被動尷尬的困境，這時，旁觀者若是以一兩句機智的錦言繡語，巧妙的為雙方打個圓場，一場危機很快就可以煙消雲散。

1. 幽默化尷尬

俗話說：馬有失蹄，人有失手。在交談中，有時候會因為當事人不慎而造成應酬氣氛的不順暢，處於尷尬局面，但又無法擺脫，那就需要局外人隨機應變，幫其解決。

一位將軍到基層檢查工作，他召開一個士兵座談會，想了解一下士兵們自主學習的情況。儘管將軍深入淺出的啟發，平易近人的誘導，但士兵們還是有點緊張，顯得很拘謹。突然，將軍問一名士兵：「你知道馬克思是哪國人嗎？」那名士兵不假思索的回答：「馬克思是蘇聯人。」剎那間，知道答案的士兵都想笑而又不敢笑，有的人甚至為這名士兵擔憂，以為將軍會對他嚴加批評。可誰也沒想到，將軍卻笑容可掬的說：「是呀，馬克思也有搬家的時候啊！」話音一落，笑聲四起，座談會的氣氛頓時變得活躍起來，士兵們大都說出了自己的心裡話。

2. 給他人台階下

清朝的慈禧太后十分孤傲，唯我獨尊。她初次接見外國人時，外國人對她只鞠躬，不下跪，覺得有損她的尊嚴，很不開心。大太監李蓮英見狀連忙向她解釋：「老佛爺，那些洋人的腿都是直的，膝蓋不能彎！」慈禧明明知道李蓮英在誆她，她卻不加怪罪，而正好借此下了台階，免得洋人們都很尷尬。嘴裡還假嗔道：「鬼機靈的小李子，就是知道老娘的心思！」心裡更加喜歡這奴才了。慈禧假如執意要求下跪，洋人們一旦以外交手段要脅，就會鬧的下不了台。而不要求下跪，又有失大清國的國威，李蓮英要害時刻替慈禧解圍，獲得了賞識。

有時候對方陷入談話困境後，並不是想硬撐下去，而是苦於沒有可下的台階。如果我們能及時巧妙的給對方一個可撤的話題，讓對方順著這個話題撤出去，對方就會順勢而走的。

3. 幫助圓場

圓場，就是在談話雙方爭吵十分激烈時，由中間人將爭論雙方的觀點表達出來，從而使雙方心甘情願接受彼此的觀點，以達到解圍的目的。

李明和張亮同在一家公司工作，因為要企劃一次會議，各執己見。一開始，大家還用商量的口氣，都覺得自己的意見好，力圖說服對方。到後來，就有點爭論的意思了，誰也不肯讓步，誰也說服不了誰，好像不證明自己的比對方的好，就不肯甘休。坐在旁邊的劉熒熒，一直聽他們爭論，後來一看形勢不妙，就湊過來說：「你們誰也不要講，先聽我說，我看你們吵來吵去，只是沒了解對方的意思。」接下來，劉熒熒分析了雙方看法的優點和不足，李明和張亮也點頭稱是。分析完了之後，於是說：「這件事這樣吧，你們相互取長補短。」最後，大家達成了一致意見。

在這裡，我們可以看到，如果要李明和張亮直接承認對方看法的合理性，似乎是做不到的，那樣的話，總會覺得低人一等。透過劉熒熒的分析，能給雙方心理上造成優勢，大家會在心裡想：「我有錯，你的見解也不一定對。」這樣容易接受對方了。因此，在我們為他人解圍時，可以採用替人圓場的方式。

社交場景中的問答藝術

在生活和工作中，或許你會遇到一些人肆無忌憚的向你提問出各種問題，但有些問題又確實不便直接回答。此時，你可以故意玩一些詞藻，使用一些虛虛實實的手法，打打粗心眼，使對方得不到準確結果，從而放棄那些令人難堪的提問。

1. 模糊語言應對難題

人際交往中，常常會遇到一些難於回答的敏感問題，使你處於難堪的窘境。此時，你若運用模糊語言不失為應對敏感話題的一種良策。

模糊應對的妙用在於其答所不能答，在進退兩難的窘境中得以進退自如。

南齊時，有個書法家王僧虔，是晉代王羲之的四世族孫，他的行書楷書繼承祖法，而且自命不凡，不樂意自己的書法遜於臣子。一天，蕭道成提出與王僧虔比試書法。寫畢，蕭道成傲然問王僧虔說：「你評一評，我們誰第一，誰第二？」王僧虔既不願貶低自己，又不能得罪皇帝，略思片刻後說：「臣的書法，人臣中第一；陛下的書法，皇帝中第一。」蕭道成聽了這番語義不明確的模糊話，只好一笑了之。

模糊應對就是這樣，它在應對刁難時，令人捉摸不透說者話說中的真正內涵。它總是給人似是而非，霧裡看花的印象。同時由於模糊，使得語言具有伸縮性、變通性，當遇到在一定條件下很難解決的問題時，變不可能為可能，使不可容的問題變得相容和一致。

2. 以其人之道，還治其人之身

有一個常常愚弄他人而自得的人，名叫湯姆。這天早晨，他正在門口吃著麵包，忽然看見傑克森大爺騎著毛驢哼哼呀呀的走了過來。於是，他就喊道：「喂，吃塊麵包吧！」大爺連忙從驢背上跳下來，說：「謝謝您的好意，我已經吃過早餐了。」湯姆一本正經的說：「我沒問你呀，我問的是毛驢。」說完得意的一笑。

沒想到以禮相待，卻反遭了侮辱。傑克森大爺先是愣了一下，然後他猛然的轉過牆子，對準毛驢的臉上「啪、啪」就是兩巴掌，罵道：「你這畜生，出門時我問你城裡有沒有朋友，你斬釘截鐵的說沒有。沒有朋友為什麼人家會請你吃麵包呢？」接著，「叭、叭」，傑克森大爺對準驢屁股，又是兩鞭子，說：「看你以後還敢不敢說謊。」說完，翻身上驢，揚長而去。

這就是「以其人之道，還治其人之身」的方法來應對無理之人的。既然你以你和驢說話的假設來侮辱我，我就姑且承認你的假設，以同樣的辦法，借教訓毛驢，來嘲弄你自己建立和毛驢的「同類朋友」關係，給你一頓教訓。

3. 用反問來回答問題

有時當別人問到自己不知道準確答案的問題時，可用幽默的語言反問句回答他，自己表示對自己所說的懷疑，並要求對方做出評判。當然這個答案要明顯錯誤，甚至有些荒唐，以達到幽默的目的，也擺托了自己的困境。

有電視台首次舉辦幼兒技能大賽，當時男主持人是著名相聲演員。當女主持人問演員道：「你知道三個月的嬰兒吃什麼最好？」演員道：「該不會是饅頭吧？」這一幽默的反問句，不僅使他順利的度過了電視機前的尷尬，而且給觀眾留下了深刻印象。

4. 答非所問

答非所問，是回答提問的一種迴避戰術。對方提出題問，希望我們做出明確的回答，我們卻不願意回答他的問題，這時，我們可以巧妙的轉移話題，答非所問，讓對方無法得到想要得到的答案。

日本影星中野良子，有人問她：「你準備什麼時候結婚？」中野良子笑著說：「如果我結婚，就到這裡度蜜月。」中野良子的婚期是個人隱私，中野良子自然不願吐露。她雖然沒有告訴婚期，卻說結婚到這裡度蜜月，既遮掩過去，又表現了她對當地的友誼。

5. 避實就虛的學問

避實就虛，就是避開正面、攻擊側面，避敵之實，攻敵之虛。可採用偷換概念，模糊回答，以問代答等方法，使巧妙迂迴的情境暗生。

一九八一年五月五日下午三點多，美國總統雷根正由謝希德校長陪同，給正在上課的一百多位大學學生作即興發言：「其實，我和你們學校有密切的關係。謝校長同我的夫人南茜，都是美國史密斯學院的校友呢！」一句話使課堂氣氛更為活躍。

一位學生站起來用流暢的英語向雷根總統提問：「您在大學讀書時，是否想到有一天能成為美國總統？」

雷根聳聳肩，顯然對這問題沒有準備，一時難以正面回答。只見他神態白若略一沉思，就答道：「我學的是經濟學，我也是個球迷，可是我畢業時，美國的大學生大約有四分之一要失業，所以我只想先有個工作，於是當了體育新聞廣播員，後來又到好萊塢當了演員，這是五十年前的事了。但是，今天我當上美國總統，我認為早年學習的專業幫了我的忙，體育鍛鍊幫了我的忙，當然一個演員的素養也幫了我的忙。」

避實就虛是人們在回答處於被動時常用的一種戰術。當形勢對己方不利時，如果繼續與對方在原來的話題上糾纏，將會更加被動處於劣勢。這時應逃避戰場，重心轉移，就可以使形勢立即轉化。

關注對方感興趣的話題

社交場合，打動人心的最佳方式，是跟對方談論其最感興趣的、最珍愛的事物，即投其所好。無論是人際交往還是做生意，投其所好是最好的捷徑。如果你這樣做了，成功就會離你越來越近。

投其所好，談論別人感興趣的話題，常常可以把兩個人的情感緊緊的連在一起，而且還能打破僵局，縮短交往距離。這是社交的良策，也是談生意的祕訣。

美國紐約銀行家杜威先生說道：「我仔細研究過有關人際關係的叢書，發現必須改變策略，我決定去找出這個人的興趣，想辦法激起他的熱忱。」所以，如果你希望別人喜歡你，就要抓住其中的訣竅：了解對方的興趣，針對他所喜歡的話題與他聊天。

查爾斯先生在紐約一家大銀行任職。他奉命寫一篇有關某公司的機密報告。他只知道有一家工業公司的董事長擁有他需要的資料。查爾斯便去拜訪這位董事長。當他走進辦公室時，一位女祕書從另一扇門中探出頭來對董事長說，今天沒有什麼郵票。「我替兒子收集郵票。」董事長對查爾斯解釋。那次談話沒有結果，董事長不願意提供任何資料。查爾斯回來後感到十分沮喪。然而幸運的是，他記住了那位女祕書和董事長所說的話。第二天他又去了。讓人傳話進去說，他要送給董事長的兒子一些郵票。董事長高興極了，用查爾斯的原話說：「即使競選國會委員也沒有這樣熱誠！他緊握我的手，滿臉笑容。『噢，喬治！他一定喜歡這張。瞧這張，喬治肯定把它當做無價之寶！』董事長連連讚歎，一面撫弄著那些郵票。整整一個小時，我們談論著郵票。奇蹟出現了：沒等我提醒他，他就把我需要的資料全都告訴了我。不僅如此，他還打電話找人來，把一些事實、資料、報告、信件全部提供給我。出門我便想起一句一個新聞記者常說的話：此行大有收穫！」查爾斯滿載而歸。他並沒有發現什麼新的真理，遠在耶穌出生的一百年前，著名的老羅馬詩人西拉斯就已說過：「你對別人感興趣，是在別人對你感興趣的時候。」

談論對方感興趣的事或物，是在無形中給對方一個讚美和肯定，會使你獲得好感，從而拉近彼此之間的距離。

古人說：「話不投機半句多」。只要抓住了對方的興趣，投其所好，不僅不會「半句多」，而且會千句萬句也嫌少，越談越投機，越談越相好。所以說，說話辦事的訣竅就是：談論他人最感興趣的話題。每個人都有自己感興趣的事物或話題，你不妨找到他的興趣點，積極主動的為他人送上「一頓美味大餐」，這樣你就能達成所願。

合理的稱呼可以讓溝通顯得更自然

稱呼是指人們在正常交往應酬中，彼此之間所採用的稱謂語。它具有重要的社會功能，是稱呼者對被稱呼者的身分、地位、角色和相互關係的認定，具有保持和加強各種人際關係的作用。因此，在人際溝通中，歷來重視稱呼問題。

每個人對稱呼是否恰當非常在意和敏感。尤其是初次交往，稱呼往往影響交往的效果。正確恰當的稱呼，展現了對對方的尊敬，展現了彼此之間關係的密切程度，也反映了一個人的自身教養和素養。

美國某公司有個警衛，對本職工作做久了，生出厭倦和不滿的情緒，表現不如剛到職位時那般認真負責，滿腔熱忱，而是一味的應付，懈怠，甚至得過且過。不久，公司上級部門派來一位新經理，這個懶散的警衛突然變得勤快、積極，還主動和人打招呼，一如從前上班時般精神煥發。員工們為他判若兩人大惑不解，不知道他怎麼會變化如此神速。後來打聽到新經理沒花一分錢作獎勵，只是把警衛的稱謂改成「保衛工程師」。

可見，稱呼他人為一門極為重要的事情。一個熱情、友好而得體的稱呼，能似妙言入耳，如春風拂面，使對方頓生親切、溫馨之感。若稱呼得不妥當則很容易讓他人產生反感。

有一位陳先生一次出差，他和朋友到一家餐廳吃飯，因為習慣，他隨口喊道：「小妹，給我們拿點面紙。」讓他沒想到的是，不僅服務員遲遲不動，周圍所有的人都以不屑的眼光看著他，陳先生以為她沒有聽見，又高聲叫了一下，誰知這位服務員乾脆走開，再也不理會他了。後來，在朋友的解釋下，他才得知「小妹」這個稱呼在這裡很敏感，特別是對一些外地打工的女孩來說，是一種鄙視和瞧不起的稱呼，也難怪陳先生稱呼人家「小妹」受到了冷落。

稱呼他人為一門極為重要的藝術，恰當的稱呼能保證交際的順利進行。而不恰當的稱呼則會給交際帶來障礙，妨礙交際的正常進行。所以，選擇稱呼要合乎常規，要照顧被稱呼者的個人習慣，入鄉隨俗。

在日常生活中，稱呼應當親切、準確、合乎常規。

1. **職務性稱呼：**以交往對象的職務相稱，以示身分有別、敬意有加，這是一種最常見的稱呼。

有三種情況：稱職務、在職務前加上姓氏、在職務前加上姓名（適用於極其正式的場合）。

2. **職稱性稱呼：**對於具有職稱者，尤其是具有高級、中級職稱者，在工作中直接以其職稱相稱。稱職稱時可以只稱職稱、在職稱前加上姓氏、在職稱前加上姓名（適用於十分正式的場合）。

3. **行業性稱呼：**在工作中，有時可按行業進行稱呼。

對於從事某些特定行業的人，可直接稱呼對方的職業，如（老師、醫生、會計、律師等），也可以在職業前加上姓氏、姓名。

4. **性別性稱呼：**對於從事商界、服務性行業的人，一般約定俗成的按性別的不同分別稱呼「小姐」、「女士」或「先生」，「小姐」是稱未婚女性，「女士」是稱已婚女性。

5. **姓名性稱呼：**在工作職位上稱呼姓名，一般限於同事、熟人之間。

有三種情況：可以直呼其名；只呼其姓，要在姓後加上敬稱；只稱其名，不呼其姓，通常限於同性之間，尤其是上司稱呼下級、長輩稱呼晚輩，在親友、同學、鄰里之間，也可使用這種稱呼。

慎選話題，避開談話的「地雷」

社交活動中，每說一句話之前，都要考慮一下你要說的話是否合適，不要口無遮攔，想說什麼就說什麼。人生的經驗告訴我們：一定要管好自己的嘴巴，否則會禍從口出。

早上，主管剛一進辦公室，小李就發現主管的頭髮特別烏黑發亮。他想存心拍拍主管的馬屁，就讚美道：「啊呀，主任今天用了什麼法寶？頭髮特別亮，人也很精神，像換了個人似的。」主管有些尷尬，哈哈兩句就走了。過了一會，同事告訴小李，主管戴了假髮。下午，小李到外面辦事，回到公司，見一個很成熟的男人來找他們辦公室裡最漂亮的小王，他想這個人那麼大年紀了，肯定是她父親，就幫著端椅子招呼。男人走後，他對小王說：「你爸雖然年齡大了，風度還挺好，難怪你這個女兒這麼漂亮。」小王臉紅了：「那是我男朋友。」晚上，小李陪妻子去醫院探望住院的丈母娘，拎了些水果，噓寒問暖，丈母娘很高興。一會兒，丈母娘讓他們早點回家，明天還要起早上班。小李想多陪會老人，脫口而出：「上週帶兒子去動物園看猴子都不止這麼一會呢。」把老人氣得血壓上升，他還未察覺。

與人交談時，口無遮攔，很容易說錯話，一旦說漏了嘴，再想要補救是很難的。我們常說「三思而後行」，實際上，在和人交流的時候，同樣要做到「三思而後說」，嘴上要有個警衛，想好什麼該說，什麼不該說。否則，若因言行不慎而讓別人下不了台，或把事情搞糟，那是最不划算的事。所以，在與人交談時，我們要注意自己的言語，盡量避開談話的「敏感地雷」，避免不必要的誤會和衝突。

1. 不說別人痛處的話

某公司年底進行年度業績測評，王楠的成績不太好，比較煩悶。此時老李走過來直截了當的說：「你難過什麼啊，你的業績本來就不好，能達到這個水準已經很不錯了。別想了，明天再好好做！」

王楠本來就煩悶，聽到老李的話，心裡更不高興了。這樣的說話，不僅沒有激勵效果，反而還刺痛了對方。

俗話說得好，「打人不打臉，揭人不揭短」。要想與他人友好相處，就要盡量體諒他人，維護他人的自尊，千萬不要有意無意的戳人痛處。所以，與人交談，應該照顧別人的感受，不要咄咄逼人。學會體貼別人，善於施惠，短短幾句話就可以做到。

2. 不說別人的隱私

每個人都有自己的隱私，都不希望被他人觸及，不管這個「他人」同自己關係多麼親密。

王小莉和李豔是一對形影不離的好朋友，兩人私底下無話不談。在一次同學聚會上，王小莉一時興起，口無遮攔，笑著對大家講了李豔暗戀班上某男生的事，而那位男生已經有了女朋友，而且當時也都在場，一時間，弄得李豔很尷尬，下不了台，氣得哭著跑開了。

心理學研究表明：誰都不願意將自己的短處或隱私在公眾面前「曝光」，一旦被人曝光，就會感到難堪而惱怒。因此，在與人交往中，如果不是為了某種特殊需要，一般都應盡量避免接觸這些敏感話題，以免讓人出醜。對於別人的一些短處或隱私，最好的辦法就是裝聾作啞不去打聽。

3. 不說傷人自尊的話

自尊心是人知廉恥的基礎。如果你認為自己的面子重要，自己的自尊不容輕易侵犯，那就請你說話的時候同樣重視和顧及別人的面子和自尊。

某科研公司的老張利用休息時間進行了一次軟體創新，結果人熬瘦了也沒成功。面臨失敗，他感到非常沮喪。這時，同事老胡走過來，拍拍他的肩膀安慰道：「看你的眼睛都熬紅了，算了吧！這樣沒結果的做下去，還不如在家休息呢。」這話初聽起來挺像安慰老張的，可是細細品味，總讓人感覺不是滋味。

人人都有自尊心，人人都有好勝心。若要聯絡感情，應處處重視對方的自尊心，不說傷人的話，特別是傷人自尊心的話。

4. 不說別人忌諱的事

每一個人都有自尊，即使是最喜歡開玩笑的人，也很不願意別人拿他的忌諱當話題。

小方被男朋友欺騙後，發現自己懷孕了。最近她做了人工流產手術後，身體虛弱，情緒也很低落，身體也消瘦下來了。隔壁的大媽知道了後就對她說：「你這樣下去不行啊，當心再瘦下去，臉都沒有了。」

「臉都沒有了？」這話是什麼意思啊？女孩雖然不好開口問，但心裡很不高興，因為她忌諱別人說自己未婚先孕。

實際上，這位大媽完全是處於關心小方才說的安慰話，然而卻觸犯了女孩的忌諱，不僅沒有安慰她，反而還加重了她的負擔。

有效說服他人改變主意

現實生活中，人與人的觀念和意見不可能都是相同的，如果溝通中遇到與自己的意見不一致的情況，不能採取強制的方式讓對方與自己保持統一。智慧的方法是，透過準確、完整的表述自己的意見及其理由，讓人心悅誠服的接受你的意見。

說服別人是一種高超的藝術才能，具備了這種藝術才能，才能在工作和生活中掌握事態發展的主動權。因此，管理者要努力鍛鍊自己的說服能力。

1. 站在對方的立場進行說服

在彼此觀點存在分歧的時候，你也許曾試圖透過說服來解決問題，結果卻往往發現遇到了前所未有的困難。其實，導致說服不能生效的原因並不是我們沒把道理講清楚，而是由於勸說者與被勸說者固執的踞守在各自的立場之上，不替對方著想。如果換個位置設身處地，被勸說者也許就不會「拒絕」勸說者，勸說和溝通就會容易多了。

有一家大型公司的總經理要租一家旅館大禮堂開一個經銷商會議。

剛要開會，對方通知他要付出原來多三倍的租金。沒辦法，總經理去找旅館交涉。他說，「我接到你的通知時，有點震驚。不過這不怪你，假如我處在你的地位，也許也會寫出同樣的通知。

您是這家旅館的經理，那麼讓我們來評估一下，這樣對您有利還是不利。先講有利的一面，大禮堂不出租給開會者而出租給舉辦舞會、晚會的，那您可以獲大利了。因為舉行這一類活動的時間不很長，他們能一次付出很多的租金，比我的租金當然要多得多。租給我，顯然您是吃大虧了。

現在，再考慮一下「不利」的一面。首先，您增加我的租金，反而降低了收入。因為實際上等於您把我攆跑了。由於我付不起您所要的租金，我勢必再找別的地方舉辦會議。

還有一件對您不利的事，這個會議的參加者來自各地，他們的社會地位、文化教養、受教育程度都在中等以上。這些人到旅館來開會，對您來說，這難道不是達到了不花錢的廣告的作用嗎？事實上，假如您五千元在報刊上登廣告，您也不可能邀請這麼些人親自到您的旅館參觀。可是我的會議給您邀請來了。這難道不划算？請您仔細考慮後來答覆我。」

最後旅館經理向那位經理讓步了。

真正站在對方的立場上，為對方著想，並全面分析雙方的利弊得失，說話真誠，語氣親切隨和，不卑不亢，合情合理，這是總經理成功的說服對方的原因所在。這個事例告訴我們：要說服一個人，最好的辦法就是替他人著想，讓他人從中受益。

2. 動之以情，曉之以理

說服別人，在基本上，可以說就是情感的征服。只有善於運用情感技巧，動之以情，以情感人，才能打動人心，以至說服別人。感情是溝通的橋梁，要想說服別人，必須跨越這一座橋，才能到達對方的心理堡壘，征服別人。在勸說別人時，應推心置腹，動之以情，講明利害關係，使對方感到主管的勸告並不抱有任何個人目的，沒有絲毫不良企圖，而是真心實意的幫助被勸導者，為他的切身利益著想。

3. 以退為進

勸說別人特別是那些抱有成見的人，最好的辦法就是退一步。在當前勸說受阻的情況下，先暫時退讓一下很有好處。退讓態度可以顯示出你對對方的尊重，從而贏得對方的好感，使其在心理上得到滿足，這樣再亮出你的觀點來說服他們就容易多了。

美國一家大航空公司要在紐約城建立一座航空站，想要求愛迪生電力公司能以低價優惠供應電力，但遭到婉言謝絕，該公司推託說這是公共服務委員會不批准，他們愛莫能助，因此，談判陷入僵局。航空公司知道愛迪生電力公司自以為客戶多，電力供不應求，對接納航空公司這一新客戶興趣不濃，其實公共服務委員會並不完全左右電力公司的業務往來，說公共服務委員會不同意低價優惠供應航空公司電力，那只是推託之詞。

航空公司意識到，再談下去也不會有什麼結果，於是索性不說了。同時放出風來，聲稱自己建發電廠更划得來。電力公司聽到這則消息，立刻改變了態度，並主動請求公共服務委員會出面，從中說情，表示願意給予這個新客戶優惠價格。結果，不僅航空公司以優惠價格與電力公司達成協議，而且從此以後，大量用電的新客戶，都享受到相同的優惠價格。

在這次談判中，起初航空公司在談判毫無結果的情況下耍了一個花招，聲稱自己建廠，這就是「退」一步，並放出假資訊，給電力公司施加壓力，迫使電力公司改變態度低價供電。這樣航空公司先退一步，後進兩步，贏得談判的勝利。

測試題一 你的口才膽量如何

測試：你的口才膽量如何？

1. 你是不是覺得說話是一件很困難的事情？

2. 你經常主動跟陌生人交談嗎？

3. 你經常說言不由衷的話嗎？

4. 你說話之前是不是進行充分準備？

5. 你對自己所說的話是不是都明白？

6. 你對自己說的話有很高的熱情嗎？

7. 你說的話中是不是有很多自己的親身經歷？

8. 你是不是善於迎合對方的觀點和發現對方的興趣？

答案：

1、(不是) 2、(是) 3、(不是) 4、(是)

5、(是) 6、(是) 7、(是) 8、(是)

解釋：

如果你的答案有兩個和給出的答案不相符，那麼你就需要認真練習你的膽量了。

1. 你是不是覺得說話是一件很困難的事情？

如果你的答案是肯定的，那麼人你需要提高膽量。不要把說話當成負擔，其實說話並沒有想像中那麼可怕。只要你大膽開口，就邁出了通往好口才的第一步。要消除說話恐懼的心理，最有用的方法就是多說話。只要有說話的機會，就大膽開口，在不斷的練習中，你的膽量就會逐漸變大，說話就不再是一件困難的事了。

2. 你經常主動跟陌生人交談嗎？

許多人都不願意和不熟悉的人打招呼，更不要說主動和陌生人交談了。

這就表明你對說話有著恐懼的心理。主動和陌生人交談，不但能增長見識，擴大自己的交際圈，還能練習口才。當你有意識的主動和陌生人交談的次數多了，你的膽量也就練出來了，你害怕說話的恐懼心理就會逐漸消除了。

3. 你經常說言不由衷的話嗎？

有的人說話言不由衷，東一言，西一語，讓人摸不著頭緒，不知道說話的人說的哪句是真話。出現這種情況原因很多：比如有所顧慮，不便直說，所以說起話來雲遮霧罩，讓人不得要領；比如編造謊言，常常露出破綻，因而前後矛盾，給人留下不好的印象；或者心不在焉，目標不明確，於是拖泥帶水，喋喋不休，廢話多，有用的話少……這些都是說話言不由衷的表現。採用這種方式說話，不僅不能提高自己的水準，還對聽眾不尊重，時間長了，很可能形成一種不良的習慣，這必然禍害終生。希望快速提高自己說話的膽量，就必須首先找出言不由衷的原因，然後對症下藥，選擇有效的改進方法。如果長期說話言不由衷，不僅大家不願意聽你說話，而且還很可能因此對你的人品加以懷疑，須知語言也是心靈的窗戶。說話只要發自內心，以情感人，就能打動觀眾，達到說話的目的。應用語言學告訴我們，語言是一種行為，語言也能做事。所以，千萬不要讓這種壞習慣給你帶來不必要的損失。

4. 你說話之前是不是進行充分的準備？

古代有一句名言叫做一言九鼎。意思是說話很重要。民間俗語中還有禍從口出的說法，也是強調語言的社會功能。因此，無論是在公開場合發表講話，還是平時的調侃，都應該做一定的準備。越是重要的場合，說話之前越應有所準備，絕不能打沒準備的仗。特別是在正式場合發表講話，必須做好充分的準備，不能有半點的疏忽。說話之前有所準備，你的言語就可能更具說服力和感染力。退一步說，為了避免臨時手忙腳亂，準備充分一點也是有益無害的。

比如說，在談話過程中，對方突然提問，由於你準備不充分，就可能出現失誤。為了讓你的講話更有針對性，充分準備是完全必要的。又比如：你說話時忽然忘記了內容，有了準備就不會臨時不知所措。如果你沒有充分的準備就貿然說話，遇到突發情況你會驚慌失措，不知道怎麼處理，給別人留下不好的印象。所以，在說話之前，你必須進行充分準備。

5. 你對自己說的話是不是都明白？

如果你連自己說的話都不明白，你怎麼期望別人能明白呢？這可能由於你的思路不清晰，導致說話時心裡緊張，一緊張，思路就亂了，可是又不能不說，於是只有硬著頭皮說了，結果連自己都不知道自己在說些什麼。所以你在說話之前，必須理清自己的思路。比如先說什麼後說什麼，哪些是重點，哪些是非重點，哪些是對方熟悉的，可以省略，哪些是對方陌生的，要詳細介紹。只有這樣，別人才能明白你要表達的意思。

6. 你對自己說的話有很高的熱情嗎？

說話之所以比書面更能吸引人，最重要的因素就是說話的熱情。如果你對自己所說的一切都充滿熱情，這種熱情就會自然而然感染聽眾。說話有五個要點:第一個是「真話嗎」？第二個是「有用嗎」？第三個是「合乎邏輯嗎」？第四個是「自己感動嗎」？第五個是「別人感動嗎」？真話是說話的最基本要求，如果不是真話，任何時候都不能說。真話不一定有用，沒有用的話就是廢話。但是有用的話不一定合乎科學和道德，所以只有合乎科學和道德的話才能大膽的說出來。合乎邏輯和道德的話，你是不是從內心深處高度認可，也就是你自己「感動」嗎？如果連你自己都不相信的話，卻希望別人相信，這可能嗎？最後就是，說話不僅僅是為了自己的感動，自己相信，更重要的是讓別人感動，讓別人相信，這才能實現說話的目的。因此，但凡要說話，就拿出自己的熱情來，讓你的話產生應有的效果。

7. 你說的話中是不是有很多自己的親身經歷？

在說話的過程中，人云亦云是不會產生好的效果的。要麼你有一個很好的話題，要麼你有一些獨特的材料，要麼你有一個好的謀篇布局。選擇一個很好的話題和設計一個很好的謀篇布局，是有一定的難度的，而使用一些獨特的材料則容易得多。因此，談話中最好盡量使用自己的親身經歷和獨到的感悟。這樣，既能夠吸引聽眾，又能胸有成竹。為什麼這麼說呢？這是因為，一方面，自己親身經歷的事情自己最熟悉，體會也最深，說起來就會非常精彩；另一方面，每個人都有好奇心，他們往往對別人的經歷非常感謝興趣，你講自己的親身經歷時，正好滿足了這些人的好奇心。

8. 你是不是善於迎合對方的觀點和發現對方的興趣？

一個人之所以害怕說話，常常是因為不明白話是說給對方聽的，而不是說給自己聽的。可是不少人說話的時候大都說自己愛聽的話，而忘記了該說些對方喜歡的話。因而，這些人所說的話常常沒有市場，沒有人回應，說話的積極性就受到了打擊，久而久之，說話就成了一件很痛苦的事。所以，說話時不能自說自話，完全不顧聽眾的感受，否則就是在唱獨角戲。要善於發現聽眾的興趣所在，迎合聽眾的口味，這樣才能吸引聽眾。

測試題二　你的口才技巧如何

1. 雨下得……
   a. 傾盆大雨 > 第 2 題
   b. 陰雨綿綿 > 第 3 題
2. 吃飯都……
   a. 狼吞虎嚥 > 第 4 題
   b. 細嚼慢嚥 > 第 5 題
3. 走路走得……

a. 急急忙忙 > 第 5 題

b. 不慌不忙 > 第 6 題

4. 說話……

a. 含糊不清 > 第 7 題

b. 吱吱喳喳 > 第 8 題

5. 站在喜歡的人身邊心就……

a. 不知所措 > 第 7 題

b. 撲通撲通 > 第 9 題

6. 想起快樂的事就……

a. 傻笑 > 第 8 題

b. 微笑 > 第 9 題

7. 在鬼屋裡覺得……

a. 全身顫抖 > A

b. 毛骨悚然 > B

8. 和尚的頭……

a. 光得發亮 > B

b. 滑溜好摸 > C

9. 壓力沉重得……

a. 讓人焦慮 > C

b. 精神不振 > D

答案：

A. 好棒的演說家

對於你經歷或是你感動的事情，都能說得生動，使人聽得津津有味。不過只以自己的興趣或身邊事物為話題，有時會令人煩厭。

B. 長話短說的魅力

擅長將話題內容加以整理，然後再簡潔有趣的說給大家聽，能說會道的能力，令辦事效率大增，適合做行政工作。

C. 有經紀般的口才

懂得配合別人的話題，而且可以把氣氛弄得很愉快，因此算是個溝通高手，且也能跟人協調，算是個有人緣的人。

D. 溫柔的聆聽者

你有顆溫柔體貼的心，為人沉默，別人與你相處會覺得很輕鬆自在。任何人都會很自然的將心事說給你聽。

測試題三　你的口才修養如何

下面六組題分別測驗，請根據自我感覺和能力及習慣，分別選擇每題的三種情況之一，括弧內「2、1、0」為分數，最後累計為總分。

(一) 組：

①與其他同學相比，你的知識面寬很多（2），中等（1），普通（0）。

②你經常有新鮮事向同學、朋友敘述 （2），很少有（1），沒有（0）。

③同學、朋友經常向你請教各種問題（2），很少（1），沒有（0）。

④你認為知識面對演講有很大影響（2），影響不大（1）沒有（0）。

⑤閒暇中，你學習知識的時間是多（2），少（1），沒有（0）。

(二) 組：

①你是一個幽默感很強的人（2），一般（1），無（0）。

②你說話時，同學、朋友總是認真聆聽（2），有時（1），不理你（0）。

③你喜歡閱讀理論書籍（2），不太喜歡（1），不喜歡（0）。

④你常能在別人因找不到恰當的詞語時替他說（2），有時（1），極少（0）。

⑤你掌握修辭知識很多（2），有一些（1），很差（0）。

(三) 組：

①你的容貌漂亮（2），中等（1），稍差（0）。
②你的品行修養很好（2），比較好（1），一般（0）。
③你的氣質良好（2），比較好（1），一般（0）。
④你接人待物平易近人（2），一般（1），冷淡（0）。
⑤你為你的為人慶幸（2），一般（1），不喜歡（0）。

(四) 組：

①你的表演才能很強（2），一般（1），差（0）。
②你的聲音清晰、悅耳（2），一般（1），差（0）。
③你有令同事讚歎的好習慣（2），很少（1），沒發現（0）。
④你認為演講的姿態對演講效果影響大（2），一般（1），無所謂（0）。
⑤你經常在某項活動之前設計自己的姿態（2），有時（1），從不（0）。

(五) 組：

①你在眾人面前講話的機會很多（2），不多（1），無（0）。
②你喜歡在眾人面前發表自己的見解（2），個別場合喜歡（1），不（0）。
③與一個素不相識的人，你能夠很快的相熟（2），有時能（1），不（0）。
④你是一個不愛臉紅的人（2），有時（1），經常（0）。
⑤與人談話時，從沒有緊張得語無倫次的時候（2），有時（1），經常（0）。

(六) 組：

①你抑制自己表情的能力很強（2），一般（1），差（0）。
②你經常有觀看電影中激動場面時感到心酸，流淚（2），有時（1），從不（0）。

③你認為真摯的感情是人們生活中必要的（2），無所謂（1），沒有更好（0）。

④你的表情常顯露內心思想（2），有時（1），從不（0）。

⑤你是一個小朋友喜歡的人（2），可交往的人（1），從不交往的人（0）。

測驗結果：

以上三十題滿分 60 分，如果你的積分在 45 分以上，則說明你的口才修養好；30 至 45 分之間為一般，30 分以下則較差。